U0716279

普通高等教育系列教材

线性代数

主　编　翟文娟
参　编　张兰云　温晓楠　李晓玲
主　审　施久玉

机械工业出版社

本书是普通高等本科院校线性代数类课程教材，按照教育部教学指导委员会教学基本要求并结合应用型本科院校教学实际编写而成.

全书由矩阵及初等行变换、线性方程组及向量组的线性相关性、行列式、相似矩阵与二次型共4章内容组成. 书中各节（除每章的“应用”部分之外）均配有习题，每章后配有总习题，书后有参考答案.

本书主要特色是以线性方程组为主线，逐步介绍线性代数的基本概念，对于比较难证明的定理均采用例证的方法进行讲解，更利于学生理解和接受.

本书适合作为应用型本科院校各专业的教材，也可作为大专院校和成人教育学院的教学参考书，还可供参加自考的广大读者参考.

图书在版编目（CIP）数据

线性代数/翟文娟主编. —北京：机械工业出版社，2018.11（2023.7重印）
普通高等教育系列教材
ISBN 978-7-111-60536-2

Ⅰ.①线… Ⅱ.①翟… Ⅲ.①线性代数-高等学校-教材 Ⅳ.①O151.2

中国版本图书馆CIP数据核字（2018）第162993号

机械工业出版社（北京市百万庄大街22号 邮政编码100037）
策划编辑：韩效杰 责任编辑：韩效杰 汤 嘉
责任校对：刘丽华 李锦莉 责任印制：郜 敏
河北鑫兆源印刷有限公司印刷
2023年7月第1版·第7次印刷
169mm×239mm·9.5印张·179千字
标准书号：ISBN 978-7-111-60536-2
定价：29.00元

电话服务 网络服务
客服电话：010-88361066 机 工 官 网：www.cmpbook.com
010-88379833 机 工 官 博：weibo.com/cmp1952
010-68326294 金 书 网：www.golden-book.com
封底无防伪标均为盗版 机工教育服务网：www.cmpedu.com

前　言

线性代数是研究线性方程组解的一门数学学科，它是各院校诸多专业的一门重要基础课．该课程对提高学生应用数学知识解决实际问题的能力有着十分重要的作用．

为了不断适应应用型本科学生的学习水平和教学要求，通过对几年来教学实践的总结，积极借鉴各类优秀教材的优点，我们编写了本书．本书内容符合教育部对本科数学教学的基本要求，同时也根据教学的实际情况，对一些内容进行了适当精简，在选材和叙述上力求简明、扼要、够用．

本书坚持“主线统一、弱化理论、注重应用、循序渐进”的原则．

“主线统一”体现在全书以线性方程组为主线，逐步介绍线性代数的基本概念．

“弱化理论”体现在对于比较难证明或抽象的定理均采用例证的方法进行讲解，以淡化理论推导，使学生更容易理解和掌握．

“注重应用”体现在每章最后一节都有应用举例和数学实验内容，既突出了对学生应用能力的培养，同时也解决了学生在学习过程中容易产生的“线性代数有什么用”的困惑．

“循序渐进”体现在本书正文中的例题计算都比较简单，一些稍微有难度的题目都放在课后习题中，使学习的“坡度”尽量平缓．

全书由矩阵及初等行变换、线性方程组及向量组的线性相关性、方阵的行列式、相似矩阵与二次型共4章内容组成．书中每章节后的习题供基本练习用．建议教学时数为32学时．教师可根据本校学时情况决定每章最后一节是否要讲．

参加本书编写工作的有翟文娟（第1、2章），张兰云（第3章），温晓楠（第4章），李晓玲（数学实验）．全书由翟文娟主编并负责统筹定稿．由施久玉教授审阅了全书并给出修改意见．

北京交通大学海滨学院的领导对本书的编写始终给予了关心和帮助，谨此致谢．同时感谢海滨学院数学教研室的其他教师给予的建议和帮助．

由于编者水平有限，书中可能存在不当和错误之处，恳请读者批评指正．

编　者

目　录

第 1 章 矩阵及初等行变换

矩阵是线性代数中的重要概念，在许多实际问题中都会用到矩阵. 用矩阵来表示一些问题会大大简化问题的复杂性，使得问题的表述更加清晰. 本课程的中心内容——线性方程组，用矩阵的形式来表示形式上更简洁，计算上更简便. 本章首先由实际问题出发引入矩阵的概念，定义矩阵的运算，然后重点介绍矩阵的初等变换并利用初等行变换求解线性方程组和方阵的逆矩阵.

1.1 矩阵

1.1.1 引例

例 1.1 线性方程组

$$\begin{cases} x_1 + 2x_2 + 3x_3 + x_4 = 1, \\ 2x_1 + 5x_2 + 7x_3 + 3x_4 = 1, \\ 3x_1 + 7x_2 + 10x_3 + 4x_4 = 1 \end{cases} \tag{1-1}$$

的系数和右端常数项按照在方程组中的位置次序拿出来形成一个数表

$$\begin{matrix} 1 & 2 & 3 & 1 & 1 \\ 2 & 5 & 7 & 3 & 1 \\ 3 & 7 & 10 & 4 & 1 \end{matrix}$$

则方程组(1-1)可以用这个数表来代替. 实际上，不同的方程组只是系数和右端常数项不同，至于使用哪些符号来表示未知变量则是无关紧要的.

例 1.2 某航空公司在 A，B，C，D 这 4 座城市之间开辟了若干航线，4 座城市之间的航班图如图 1-1 所示，箭头从始发地指向目的地.

图 1-1

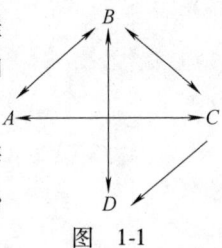

显然，4 座城市之间的航班情况可用下面的表 1-1 来表示：

表 1-1

		目的地			
		A	*B*	*C*	*D*
始发地	*A*		✓	✓	
	B	✓		✓	✓
	C	✓	✓		✓
	D		✓		

其中✓表示有航班. 一般情况下，为了便于研究，把表 1-1 中的✓用 1 代替，空白的地方用 0 代替，得到一个由 0 和 1 组成的数表 1-2，用此数表来反映各城市之间的航班情况.

表 1-2

0	1	1	0
1	0	1	1
1	1	0	1
0	1	0	0

像例 1.1 和例 1.2 中得到的由数字形成的表格就是本章要讨论的矩阵.

1.1.2 矩阵的概念

定义 1.1 由 $m\times n$ 个数 $a_{ij}(i=1,2,\cdots,m;\ j=1,2,\cdots,n)$ 排成的 m 行 n 列的数表

$$\begin{matrix} a_{11} & a_{12} & \cdots & a_{1n} \\ a_{21} & a_{22} & \cdots & a_{2n} \\ \vdots & \vdots & & \vdots \\ a_{m1} & a_{m2} & \cdots & a_{mn} \end{matrix}$$

称为 ***m* 行 *n* 列矩阵**，简称 ***m*×*n* 矩阵**. 为了表示此数表是一个整体，通常会将数表放在小括号内，用大写黑体字母 $\boldsymbol{A}$, $\boldsymbol{B}$, $\boldsymbol{C}$ 等表示，记作

$$\boldsymbol{A}=\begin{pmatrix} a_{11} & a_{12} & \cdots & a_{1n} \\ a_{21} & a_{22} & \cdots & a_{2n} \\ \vdots & \vdots & & \vdots \\ a_{m1} & a_{m2} & \cdots & a_{mn} \end{pmatrix},$$

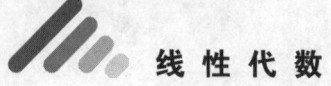

简记为 $\boldsymbol{A}=\boldsymbol{A}_{m\times n}=(a_{ij})_{m\times n}=(a_{ij})$.

这 $m\times n$ 个数称为矩阵 $\boldsymbol{A}$ 的**元素**,简称为元. a_{ij} 表示位于矩阵 $\boldsymbol{A}$ 的第 i 行第 j 列的元素，称为矩阵 $\boldsymbol{A}$ 的 (i,j) 元.

元素全是实数的矩阵称为**实矩阵**，元素中含有复数的矩阵称为**复矩阵**. 本书除特别说明讨论的都是实矩阵.

由矩阵的定义可知，矩阵的实质就是一个数表.

1.1.3 几个特殊矩阵

(1) 行数与列数都等于 n 的矩阵，称为 n 阶**方阵**，记作 $\boldsymbol{A}_n$. 对于 n 阶方阵

$$\begin{pmatrix} a_{11} & a_{12} & \cdots & a_{1n} \\ a_{21} & a_{22} & \cdots & a_{2n} \\ \vdots & \vdots & & \vdots \\ a_{n1} & a_{n2} & \cdots & a_{nn} \end{pmatrix},$$

通过 $a_{11},a_{22},\cdots,a_{nn}$ 的连线称为**主对角线**.

(2) 只有一行的矩阵 $(a_1 \quad a_2 \quad \cdots \quad a_n)$ 称为**行矩阵**(或**行向量**)，为避免元素间的混淆，行矩阵也可记作 $(a_1,a_2,\cdots,a_n)$. 只有一列的矩阵 $\begin{pmatrix} a_1 \\ a_2 \\ \vdots \\ a_n \end{pmatrix}$ 称为**列矩阵**(或**列向量**).

(3) 元素全为零的矩阵称为**零矩阵**，用 $\boldsymbol{O}$ 表示. 例如

$$\boldsymbol{O}_{2\times 2}=\begin{pmatrix} 0 & 0 \\ 0 & 0 \end{pmatrix},\ \boldsymbol{O}_{1\times 4}=(0,0,0,0).$$

(4) 形如 $\begin{pmatrix} \lambda_1 & 0 & \cdots & 0 \\ 0 & \lambda_2 & \cdots & 0 \\ \vdots & \vdots & & \vdots \\ 0 & 0 & \cdots & \lambda_n \end{pmatrix}$ 的 n 阶方阵称为**对角矩阵**,简称**对角阵**，用 $\operatorname{diag}(\lambda_1,\lambda_2,\cdots,\lambda_n)$ 表示. 特别地，若 $\lambda_1=\lambda_2=\cdots=\lambda_n=k$ (k 为常数)，则称方阵 $\begin{pmatrix} k & 0 & \cdots & 0 \\ 0 & k & \cdots & 0 \\ \vdots & \vdots & & \vdots \\ 0 & 0 & \cdots & k \end{pmatrix}$ 为**数量矩阵**或**纯量矩阵**.

若 $k=1$，则称方阵 $\begin{pmatrix} 1 & 0 & \cdots & 0 \\ 0 & 1 & \cdots & 0 \\ \vdots & \vdots & & \vdots \\ 0 & 0 & \cdots & 1 \end{pmatrix}$ 为 **n 阶单位矩阵**，记为 $\boldsymbol{E}_n$ 或 $\boldsymbol{I}_n$.

（5）形如 $\begin{pmatrix} a_{11} & a_{12} & \cdots & a_{1n} \\ 0 & a_{22} & \cdots & a_{2n} \\ \vdots & \vdots & & \vdots \\ 0 & 0 & \cdots & a_{nn} \end{pmatrix}$ 的方阵，称为**上三角形矩阵**；

形如 $\begin{pmatrix} a_{11} & 0 & \cdots & 0 \\ a_{21} & a_{22} & \cdots & 0 \\ \vdots & \vdots & & \vdots \\ a_{n1} & a_{n2} & \cdots & a_{nn} \end{pmatrix}$ 的方阵，称为**下三角形矩阵**.

定义 1.2 若两个矩阵的行数和列数分别相等，则称两个矩阵为**同型矩阵**.

定义 1.3 若两个矩阵 $\boldsymbol{A}=(a_{ij})_{m\times n}$ 与 $\boldsymbol{B}=(b_{ij})_{m\times n}$ 为同型矩阵，并且对应元素相等，即

$$a_{ij}=b_{ij}(i=1,2,\cdots,m;\ j=1,2,\cdots,n)$$

则称矩阵 $\boldsymbol{A}$ 与 $\boldsymbol{B}$ 相等，记作 $\boldsymbol{A}=\boldsymbol{B}$.

例 1.3 判断矩阵 $\begin{pmatrix} 1 & 2 \\ 5 & 6 \\ 3 & 7 \end{pmatrix}$ 和矩阵 $\begin{pmatrix} 14 & 3 \\ 8 & 4 \\ 3 & 9 \end{pmatrix}$，矩阵 $\begin{pmatrix} 0 & 0 & 0 & 0 \\ 0 & 0 & 0 & 0 \\ 0 & 0 & 0 & 0 \\ 0 & 0 & 0 & 0 \end{pmatrix}$ 和矩阵 $(0,0,0,0)$ 是否相等？

解 矩阵 $\begin{pmatrix} 1 & 2 \\ 5 & 6 \\ 3 & 7 \end{pmatrix}$ 和矩阵 $\begin{pmatrix} 14 & 3 \\ 8 & 4 \\ 3 & 9 \end{pmatrix}$ 都是 3×2 的矩阵，因此是同型矩阵，但显然不是相等的矩阵；矩阵 $\begin{pmatrix} 0 & 0 & 0 & 0 \\ 0 & 0 & 0 & 0 \\ 0 & 0 & 0 & 0 \\ 0 & 0 & 0 & 0 \end{pmatrix}$ 和矩阵 $(0,0,0,0)$ 显然都是零矩阵，但两个矩阵不是同型矩阵，因此

也不是相等的矩阵.

例 1.4 设 $A=\begin{pmatrix}2 & 4-x & 3\\ 1 & 4 & 5z\end{pmatrix}$, $B=\begin{pmatrix}2 & x & 3\\ y & 4 & z-8\end{pmatrix}$, 若 $A=B$, 求 x, y, z.

解 由 $A=B$ 的定义知,

$$\begin{cases}4-x=x,\\ 1=y,\\ 5z=z-8,\end{cases}$$

因此 $x=2$, $y=1$, $z=-2$.

思考题 对角矩阵和数量矩阵有什么关系?

习题 1.1

1. 两人玩"石头-剪刀-布"的游戏, 每个人的出法只能在(石头, 剪刀, 布)中选择一种. 当他们各选定一种出法时, 就确定了各自的输赢. 若规定胜者得 1 分, 败者得 -1 分, 平手都不得分, 则对于各种可能的情况, 试用矩阵表示他们的输赢情况.

2. 某边防团有三个边防哨所, 团里决定建立一个有线通信网, 通过勘察测算, 获得一组有关建设费用的预算数据, 如图 1-2 所示, 其中 4 个点分别表示团部 O 与三个哨所 A, B, C, 图中两点连线旁的数字表示两地间架设线路所需的费用(单位: 万元). 试用矩阵的形式表示出有关建设费用的预算数据.

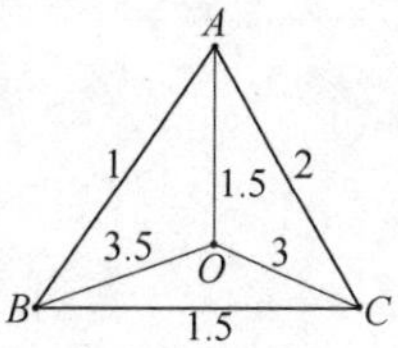

图 1-2

1.2 矩阵的运算

1.2.1 矩阵的加法

定义 1.4 设有两个 $m\times n$ 矩阵 $A=(a_{ij})_{m\times n}$ 与 $B=(b_{ij})_{m\times n}$. 矩阵 A 与 B 的和记作 $A+B$, 规定

$$A+B=\begin{pmatrix}a_{11}+b_{11} & a_{12}+b_{12} & \cdots & a_{1n}+b_{1n}\\ a_{21}+b_{21} & a_{22}+b_{22} & \cdots & a_{2n}+b_{2n}\\ \vdots & \vdots & & \vdots\\ a_{m1}+b_{m1} & a_{m2}+b_{m2} & \cdots & a_{mn}+b_{mn}\end{pmatrix}.$$

设 A, B, C 是同型矩阵. 易知, 矩阵加法满足如下运算

规律：

1）交换律：$\boldsymbol{A}+\boldsymbol{B}=\boldsymbol{B}+\boldsymbol{A}$；

2）结合律：$(\boldsymbol{A}+\boldsymbol{B})+\boldsymbol{C}=\boldsymbol{A}+(\boldsymbol{B}+\boldsymbol{C})$.

设矩阵 $\boldsymbol{A}=(a_{ij})$，记 $-\boldsymbol{A}=(-a_{ij})$，$-\boldsymbol{A}$ 称为矩阵 $\boldsymbol{A}$ 的**负矩阵**. 显然有 $\boldsymbol{A}+(-\boldsymbol{A})=\boldsymbol{O}$.

这里借助负矩阵来定义矩阵的减法

$$\boldsymbol{A}-\boldsymbol{B}=\boldsymbol{A}+(-\boldsymbol{B}).$$

实际上，仿照矩阵加法的定义，也可以直接定义矩阵的减法.

例 1.5 设

$$\boldsymbol{A}=\begin{pmatrix}1&1\\1&1\end{pmatrix},\boldsymbol{B}=\begin{pmatrix}2&-1\\1&0\end{pmatrix},\boldsymbol{C}=\begin{pmatrix}1&2\\3&-1\end{pmatrix}.$$

计算 $\boldsymbol{A}+\boldsymbol{B}+\boldsymbol{C},\boldsymbol{B}+\boldsymbol{C}+\boldsymbol{A},\boldsymbol{A}-\boldsymbol{B}$.

解

$$\boldsymbol{A}+\boldsymbol{B}+\boldsymbol{C}=\begin{pmatrix}1&1\\1&1\end{pmatrix}+\begin{pmatrix}2&-1\\1&0\end{pmatrix}+\begin{pmatrix}1&2\\3&-1\end{pmatrix}$$

$$=\begin{pmatrix}3&0\\2&1\end{pmatrix}+\begin{pmatrix}1&2\\3&-1\end{pmatrix}=\begin{pmatrix}4&2\\5&0\end{pmatrix},$$

$$\boldsymbol{B}+\boldsymbol{C}+\boldsymbol{A}=\begin{pmatrix}2&-1\\1&0\end{pmatrix}+\begin{pmatrix}1&2\\3&-1\end{pmatrix}+\begin{pmatrix}1&1\\1&1\end{pmatrix}$$

$$=\begin{pmatrix}3&1\\4&-1\end{pmatrix}+\begin{pmatrix}1&1\\1&1\end{pmatrix}=\begin{pmatrix}4&2\\5&0\end{pmatrix},$$

$$\boldsymbol{A}-\boldsymbol{B}=\begin{pmatrix}1&1\\1&1\end{pmatrix}-\begin{pmatrix}2&-1\\1&0\end{pmatrix}=\begin{pmatrix}-1&2\\0&1\end{pmatrix}.$$

1.2.2 数与矩阵相乘

定义 1.5 数 λ 与矩阵 $\boldsymbol{A}$ 的乘积记作 $\lambda\boldsymbol{A}$ 或 $\boldsymbol{A}\lambda$，规定

$$\lambda\boldsymbol{A}=\boldsymbol{A}\lambda=\begin{pmatrix}\lambda a_{11}&\lambda a_{12}&\cdots&\lambda a_{1n}\\\lambda a_{21}&\lambda a_{22}&\cdots&\lambda a_{2n}\\\vdots&\vdots&&\vdots\\\lambda a_{m1}&\lambda a_{m2}&\cdots&\lambda a_{mn}\end{pmatrix}.$$

数乘矩阵满足如下运算规律：

设 $\boldsymbol{A}$, $\boldsymbol{B}$ 是同型矩阵，λ, μ 是常数，则

1）结合律：$(\lambda\mu)\boldsymbol{A}=\lambda(\mu\boldsymbol{A})$；

2）分配律：$\lambda(\boldsymbol{A}+\boldsymbol{B})=\lambda\boldsymbol{A}+\lambda\boldsymbol{B}$, $(\lambda+\mu)\boldsymbol{A}=\lambda\boldsymbol{A}+\mu\boldsymbol{A}$.

矩阵相加与数乘矩阵结合起来，统称为矩阵的**线性运算**.

1.2.3　矩阵与矩阵相乘

定义 1.6　设有两个矩阵 $\boldsymbol{A}=(a_{ij})_{m\times s}$ 与 $\boldsymbol{B}=(b_{ij})_{s\times n}$. 规定矩阵 $\boldsymbol{A}$ 与矩阵 $\boldsymbol{B}$ 的**乘积**是一个 $m\times n$ 的矩阵 $\boldsymbol{C}=(c_{ij})$，其中

$$\begin{aligned} c_{ij} &= a_{i1}b_{1j}+a_{i2}b_{2j}+\cdots+a_{is}b_{sj} \\ &= \sum_{k=1}^{s} a_{ik}b_{kj} \quad (i=1,2,\cdots m;\ j=1,2,\cdots,n) \end{aligned}$$

并把此乘积记作 $\boldsymbol{C}=\boldsymbol{AB}$. 记号 $\boldsymbol{AB}$ 读作 $\boldsymbol{A}$ 乘 $\boldsymbol{B}$，也可读作 $\boldsymbol{A}$ 左乘 $\boldsymbol{B}$ 或 $\boldsymbol{B}$ 右乘 $\boldsymbol{A}$.

由定义 1.6 可以看出，乘积矩阵 $\boldsymbol{C}$ 的第 i 行第 j 列的元素是由前一个矩阵 $\boldsymbol{A}$ 的第 i 行与后一个矩阵 $\boldsymbol{B}$ 的第 j 列对应元素相乘再相加得到的，即：

$$c_{ij}=(a_{i1},a_{i2},\cdots,a_{is})\begin{pmatrix} b_{1j} \\ b_{2j} \\ \vdots \\ b_{sj} \end{pmatrix}=a_{i1}b_{1j}+a_{i2}b_{2j}+\cdots+a_{is}b_{sj}.$$

注　1）由定义 1.6 可以看出，两个矩阵能够相乘必须满足：前一个矩阵 $\boldsymbol{A}$ 的列数等于后一个矩阵 $\boldsymbol{B}$ 的行数.

2）如果两个矩阵能够相乘，则乘积矩阵 $\boldsymbol{C}$ 的行数与前一个矩阵 $\boldsymbol{A}$ 的行数相同，乘积矩阵 $\boldsymbol{C}$ 的列数与后一个矩阵 $\boldsymbol{B}$ 的列数相同.

例 1.6　设

$$\boldsymbol{A}=\begin{pmatrix} 1 & 2 & 1 \\ 3 & 1 & -1 \end{pmatrix},\ \boldsymbol{E}_2=\begin{pmatrix} 1 & 0 \\ 0 & 1 \end{pmatrix},\ \boldsymbol{E}_3=\begin{pmatrix} 1 & 0 & 0 \\ 0 & 1 & 0 \\ 0 & 0 & 1 \end{pmatrix},$$

计算 $\boldsymbol{E}_2\boldsymbol{A}$, $\boldsymbol{AE}_3$.

解　由矩阵相乘的定义得

$$\boldsymbol{E}_2\boldsymbol{A}=\begin{pmatrix} 1 & 0 \\ 0 & 1 \end{pmatrix}\begin{pmatrix} 1 & 2 & 1 \\ 3 & 1 & -1 \end{pmatrix}=\begin{pmatrix} 1 & 2 & 1 \\ 3 & 1 & -1 \end{pmatrix},$$

$$AE_3=\begin{pmatrix}1&2&1\\3&1&-1\end{pmatrix}\begin{pmatrix}1&0&0\\0&1&0\\0&0&1\end{pmatrix}=\begin{pmatrix}1&2&1\\3&1&-1\end{pmatrix}.$$

由例 1.6 看出，在 $m\times n$ 矩阵的左侧乘以 m 阶单位矩阵 $\boldsymbol{E}_m$ 或者右侧乘以 n 阶单位矩阵 $\boldsymbol{E}_n$，其乘积矩阵还是原来的矩阵. 这说明单位矩阵在矩阵乘法中的作用类似于 1 在实数乘法中的作用.

例 1.7 设

$$\boldsymbol{A}=\begin{pmatrix}-1&1\\1&-1\end{pmatrix},\ \boldsymbol{B}=\begin{pmatrix}1&2\\1&2\end{pmatrix},\ \boldsymbol{C}=\begin{pmatrix}3&1\\3&1\end{pmatrix},$$

计算 $\boldsymbol{AB}$, $\boldsymbol{AC}$, $\boldsymbol{BA}$.

解 由定义计算得

$$\boldsymbol{AB}=\begin{pmatrix}-1&1\\1&-1\end{pmatrix}\begin{pmatrix}1&2\\1&2\end{pmatrix}=\begin{pmatrix}0&0\\0&0\end{pmatrix},$$

$$\boldsymbol{AC}=\begin{pmatrix}-1&1\\1&-1\end{pmatrix}\begin{pmatrix}3&1\\3&1\end{pmatrix}=\begin{pmatrix}0&0\\0&0\end{pmatrix},$$

$$\boldsymbol{BA}=\begin{pmatrix}1&2\\1&2\end{pmatrix}\begin{pmatrix}-1&1\\1&-1\end{pmatrix}=\begin{pmatrix}1&-1\\1&-1\end{pmatrix}.$$

对于两个方阵 $\boldsymbol{A}$ 和 $\boldsymbol{B}$，若 $\boldsymbol{AB}=\boldsymbol{BA}$，则称方阵 $\boldsymbol{A}$ 和方阵 $\boldsymbol{B}$ 是**可交换**的.

由例 1.7 可以发现：

1）矩阵乘法不满足交换律，即 $\boldsymbol{AB}$ 与 $\boldsymbol{BA}$ 不一定相等；

2）矩阵 $\boldsymbol{A}\neq\boldsymbol{O}$, $\boldsymbol{B}\neq\boldsymbol{O}$，却有 $\boldsymbol{AB}=\boldsymbol{O}$，因此，由 $\boldsymbol{AB}=\boldsymbol{O}$ 不能得到 $\boldsymbol{A}$, $\boldsymbol{B}$ 中至少有一个是零矩阵；

3）若 $\boldsymbol{AB}=\boldsymbol{AC}$，且 $\boldsymbol{A}\neq\boldsymbol{O}$，则一般不能得到 $\boldsymbol{B}=\boldsymbol{C}$.

虽然矩阵的乘法不一定满足交换律，但是纯量矩阵 $\lambda\boldsymbol{E}$ 却与任何同阶方阵可交换，即 $\boldsymbol{A}_n(\lambda\boldsymbol{E}_n)=\lambda\boldsymbol{A}_n=(\lambda\boldsymbol{E}_n)\boldsymbol{A}_n$.

矩阵乘法满足如下运算规律（假设运算都是可行的）：

1）乘法结合律：$\boldsymbol{ABC}=(\boldsymbol{AB})\boldsymbol{C}=\boldsymbol{A}(\boldsymbol{BC})$；

2）数乘和乘法的结合律：$\lambda(\boldsymbol{AB})=(\lambda\boldsymbol{A})\boldsymbol{B}=\boldsymbol{A}(\lambda\boldsymbol{B})$，$\lambda$ 为常数；

3）乘法对加法的分配律：$\boldsymbol{A}(\boldsymbol{B}+\boldsymbol{C})=\boldsymbol{AB}+\boldsymbol{AC}$，$(\boldsymbol{B}+\boldsymbol{C})\boldsymbol{A}=\boldsymbol{BA}+\boldsymbol{CA}$.

1.2.4 方阵的幂与方阵多项式

定义 1.7 若 $\boldsymbol{A}$ 是 n 阶方阵，则称

$$\boldsymbol{A}\boldsymbol{A}\cdots\boldsymbol{A}\text{（将 }k\text{ 个 }\boldsymbol{A}\text{ 相乘）}$$

为矩阵 $\boldsymbol{A}$ 的 k 次幂，记为 $\boldsymbol{A}^k$，其中 k 是正整数.

显然矩阵的幂满足以下性质：

1）$\boldsymbol{A}^k\boldsymbol{A}^l=\boldsymbol{A}^{k+l}$；

2）$(\boldsymbol{A}^k)^l=\boldsymbol{A}^{kl}$，其中 k,l 是正整数.

例 1.8　设 $\boldsymbol{A}=\begin{pmatrix}-1 & 1\\ 1 & -1\end{pmatrix}$，求 $\boldsymbol{A}^3$.

解

$$\boldsymbol{A}^3=\begin{pmatrix}-1 & 1\\ 1 & -1\end{pmatrix}^3=\begin{pmatrix}-1 & 1\\ 1 & -1\end{pmatrix}\begin{pmatrix}-1 & 1\\ 1 & -1\end{pmatrix}\begin{pmatrix}-1 & 1\\ 1 & -1\end{pmatrix}$$

$$=\begin{pmatrix}2 & -2\\ -2 & 2\end{pmatrix}\begin{pmatrix}-1 & 1\\ 1 & -1\end{pmatrix}=\begin{pmatrix}-4 & 4\\ 4 & -4\end{pmatrix}.$$

定义 1.8　设 $\varphi(x)=a_0+a_1x+\cdots+a_{n-1}x^{n-1}+a_nx^n$ 为一元 n 次多项式，则称

$$a_0\boldsymbol{E}+a_1\boldsymbol{A}+\cdots+a_{n-1}\boldsymbol{A}^{n-1}+a_n\boldsymbol{A}^n$$

为方阵 $\boldsymbol{A}$ 的 **n 次多项式**，记为 $\varphi(\boldsymbol{A})$.

1.2.5　矩阵的转置

定义 1.9　设 $\boldsymbol{A}$ 是 $m\times n$ 的矩阵

$$\begin{pmatrix}a_{11} & a_{12} & \cdots & a_{1n}\\ a_{21} & a_{22} & \cdots & a_{2n}\\ \vdots & \vdots & & \vdots\\ a_{m1} & a_{m2} & \cdots & a_{mn}\end{pmatrix}.$$

将 $\boldsymbol{A}$ 的行（列）换成同序数的列（行）得到的矩阵

$$\begin{pmatrix}a_{11} & a_{21} & \cdots & a_{m1}\\ a_{12} & a_{22} & \cdots & a_{m2}\\ \vdots & \vdots & & \vdots\\ a_{1n} & a_{2n} & \cdots & a_{mn}\end{pmatrix}$$

称为矩阵 $\boldsymbol{A}$ 的**转置矩阵**，记为 $\boldsymbol{A}^{\mathrm{T}}$.

显然，若 $\boldsymbol{A}$ 是 $m\times n$ 的矩阵，则 $\boldsymbol{A}^{\mathrm{T}}$ 是 $n\times m$ 的矩阵.

转置矩阵具有如下运算性质：

1）$(\boldsymbol{A}^{\mathrm{T}})^{\mathrm{T}}=\boldsymbol{A}$；

2）$(\boldsymbol{A}+\boldsymbol{B})^{\mathrm{T}}=\boldsymbol{A}^{\mathrm{T}}+\boldsymbol{B}^{\mathrm{T}}$；

3) $(\lambda \boldsymbol{A})^{\mathrm{T}}=\lambda \boldsymbol{A}^{\mathrm{T}}$;

4) $(\boldsymbol{AB})^{\mathrm{T}}=\boldsymbol{B}^{\mathrm{T}}\boldsymbol{A}^{\mathrm{T}}$.

例 1.9 设 $\boldsymbol{A}=\begin{pmatrix}1 & 0 & 2\\ -1 & 3 & 2\end{pmatrix}$, $\boldsymbol{B}=\begin{pmatrix}1 & 2 & 1\\ 3 & -1 & 1\\ 2 & 0 & 1\end{pmatrix}$, 求 $(\boldsymbol{AB})^{\mathrm{T}}$.

解　方法一

$$\boldsymbol{AB}=\begin{pmatrix}1 & 0 & 2\\ -1 & 3 & 2\end{pmatrix}\begin{pmatrix}1 & 2 & 1\\ 3 & -1 & 1\\ 2 & 0 & 1\end{pmatrix}=\begin{pmatrix}5 & 2 & 3\\ 12 & -5 & 4\end{pmatrix},$$

所以

$$(\boldsymbol{AB})^{\mathrm{T}}=\begin{pmatrix}5 & 12\\ 2 & -5\\ 3 & 4\end{pmatrix}.$$

方法二

$$(\boldsymbol{AB})^{\mathrm{T}}=\boldsymbol{B}^{\mathrm{T}}\boldsymbol{A}^{\mathrm{T}}=\begin{pmatrix}1 & 3 & 2\\ 2 & -1 & 0\\ 1 & 1 & 1\end{pmatrix}\begin{pmatrix}1 & -1\\ 0 & 3\\ 2 & 2\end{pmatrix}=\begin{pmatrix}5 & 12\\ 2 & -5\\ 3 & 4\end{pmatrix}.$$

借助矩阵的转置运算，下面给出对称矩阵和反对称矩阵的定义.

定义 1.10 设 $\boldsymbol{A}$ 是 n 阶方阵，若 $\boldsymbol{A}=\boldsymbol{A}^{\mathrm{T}}$，即

$$a_{ij}=a_{ji}\quad (i,j=1,2,\cdots,n),$$

则称 $\boldsymbol{A}$ 是**对称矩阵**.

若 $\boldsymbol{A}=-\boldsymbol{A}^{\mathrm{T}}$，即

$$a_{ij}=-a_{ji}\quad (i,j=1,2,\cdots,n),$$

则称 $\boldsymbol{A}$ 是**反对称矩阵**.

这里的对称指的是关于矩阵的主对角线对称. 由反对称矩阵满足的条件可以看出，其主对角线上的元素全为零. 例如矩阵 $\begin{pmatrix}1 & 2 & 3\\ 2 & 2 & 4\\ 3 & 4 & 5\end{pmatrix}$ 是对称矩阵，矩阵 $\begin{pmatrix}0 & -2 & -3\\ 2 & 0 & -4\\ 3 & 4 & 0\end{pmatrix}$ 是反对称矩阵.

1.2.6 矩阵的分块

在许多根据实际问题建立的模型中，矩阵的阶数一般比较高，此时对矩阵直接进行运算比较麻烦，一般可将矩阵进行分

块简化计算.

定义 1.11　用一些横线和竖线将矩阵分成若干个小块，这种操作称为对矩阵进行**分块**，每一个小块称为矩阵的**子块**. 矩阵分块后，以子块为元素的形式上的矩阵称为**分块矩阵**.

例 1.10　将矩阵

$$\boldsymbol{A}=\begin{pmatrix}3&1&3&4\\0&2&3&2\\2&5&1&0\end{pmatrix}$$

分块的方法有多种，例如

①$\boldsymbol{A}=\left(\begin{array}{cc:cc}3&1&3&4\\0&2&3&2\\ \hdashline 2&5&1&0\end{array}\right)$，记 $\boldsymbol{B}=\begin{pmatrix}\boldsymbol{A}_{11}&\boldsymbol{A}_{12}\\\boldsymbol{A}_{21}&\boldsymbol{A}_{22}\end{pmatrix}$，其中 $\boldsymbol{A}_{11}=\begin{pmatrix}3&1\\0&2\end{pmatrix}$，$\boldsymbol{A}_{12}=\begin{pmatrix}3&4\\3&2\end{pmatrix}$，$\boldsymbol{A}_{21}=(2,5)$，$\boldsymbol{A}_{22}=(1,0)$. 则 $\boldsymbol{A}_{11}$，$\boldsymbol{A}_{12}$，$\boldsymbol{A}_{21}$，$\boldsymbol{A}_{22}$ 为 $\boldsymbol{A}$ 的子块，$\boldsymbol{B}$ 称为分块矩阵.

②$\boldsymbol{A}=\left(\begin{array}{c:c:c:c}3&1&3&4\\0&2&3&2\\2&5&1&0\end{array}\right)$，记 $\boldsymbol{B}=(\boldsymbol{A}_{11},\boldsymbol{A}_{12},\boldsymbol{A}_{13},\boldsymbol{A}_{14})$，子块

$\boldsymbol{A}_{11}=\begin{pmatrix}3\\0\\2\end{pmatrix}$，$\boldsymbol{A}_{12}=\begin{pmatrix}1\\2\\5\end{pmatrix}$，$\boldsymbol{A}_{13}=\begin{pmatrix}3\\3\\1\end{pmatrix}$，$\boldsymbol{A}_{14}=\begin{pmatrix}4\\2\\0\end{pmatrix}$.

分块矩阵具有和普通矩阵类似的运算规则.

（1）分块矩阵的加法　设矩阵 $\boldsymbol{A}$ 和矩阵 $\boldsymbol{B}$ 是同型矩阵，对 $\boldsymbol{A}$ 和 $\boldsymbol{B}$ 进行相同的分块

$$\boldsymbol{A}=\begin{pmatrix}\boldsymbol{A}_{11}&\cdots&\boldsymbol{A}_{1r}\\\vdots&&\vdots\\\boldsymbol{A}_{s1}&\cdots&\boldsymbol{A}_{sr}\end{pmatrix},\quad \boldsymbol{B}=\begin{pmatrix}\boldsymbol{B}_{11}&\cdots&\boldsymbol{B}_{1r}\\\vdots&&\vdots\\\boldsymbol{B}_{s1}&\cdots&\boldsymbol{B}_{sr}\end{pmatrix},$$

其中，$\boldsymbol{A}_{ij}$ 和 $\boldsymbol{B}_{ij}$ 是同型矩阵，那么

$$\boldsymbol{A}+\boldsymbol{B}=\begin{pmatrix}\boldsymbol{A}_{11}+\boldsymbol{B}_{11}&\cdots&\boldsymbol{A}_{1r}+\boldsymbol{B}_{1r}\\\vdots&&\vdots\\\boldsymbol{A}_{s1}+\boldsymbol{B}_{s1}&\cdots&\boldsymbol{A}_{sr}+\boldsymbol{B}_{sr}\end{pmatrix}.$$

（2）分块矩阵的数乘　设 $\boldsymbol{A}=\begin{pmatrix}\boldsymbol{A}_{11}&\cdots&\boldsymbol{A}_{1r}\\\vdots&&\vdots\\\boldsymbol{A}_{s1}&\cdots&\boldsymbol{A}_{sr}\end{pmatrix}$，$\lambda$ 为常

数，则

$$\lambda\boldsymbol{A}=\begin{pmatrix}\lambda\boldsymbol{A}_{11} & \cdots & \lambda\boldsymbol{A}_{1r}\\ \vdots & & \vdots\\ \lambda\boldsymbol{A}_{s1} & \cdots & \lambda\boldsymbol{A}_{sr}\end{pmatrix}.$$

（3）分块矩阵的乘法　设 $\boldsymbol{A}$ 是 $m\times l$ 的矩阵，$\boldsymbol{B}$ 是 $l\times n$ 的矩阵，对 $\boldsymbol{A}$ 和 $\boldsymbol{B}$ 进行如下分块

$$\boldsymbol{A}=\begin{pmatrix}\boldsymbol{A}_{11} & \cdots & \boldsymbol{A}_{1t}\\ \vdots & & \vdots\\ \boldsymbol{A}_{s1} & \cdots & \boldsymbol{A}_{st}\end{pmatrix},\quad \boldsymbol{B}=\begin{pmatrix}\boldsymbol{B}_{11} & \cdots & \boldsymbol{B}_{1r}\\ \vdots & & \vdots\\ \boldsymbol{B}_{t1} & \cdots & \boldsymbol{B}_{tr}\end{pmatrix},$$

其中，$\boldsymbol{A}_{i1}$，$\boldsymbol{A}_{i2}$，…，$\boldsymbol{A}_{it}$的列数与$\boldsymbol{B}_{1j}$，$\boldsymbol{B}_{2j}$，…，$\boldsymbol{B}_{tj}$的行数分别相等，则

$$\boldsymbol{AB}=\begin{pmatrix}\boldsymbol{C}_{11} & \cdots & \boldsymbol{C}_{1r}\\ \vdots & & \vdots\\ \boldsymbol{C}_{s1} & \cdots & \boldsymbol{C}_{sr}\end{pmatrix},$$

其中，$\boldsymbol{C}_{ij}=\sum\limits_{k=1}^{t}\boldsymbol{A}_{ik}\boldsymbol{B}_{kj}\quad(i=1,2,\cdots,s;\ j=1,2,\cdots,r)$.

例如，设 $\boldsymbol{A}=\begin{pmatrix}\boldsymbol{A}_1 & \boldsymbol{O} & \cdots & \boldsymbol{O}\\ \boldsymbol{O} & \boldsymbol{A}_2 & \cdots & \boldsymbol{O}\\ \vdots & \vdots & & \vdots\\ \boldsymbol{O} & \boldsymbol{O} & \cdots & \boldsymbol{A}_l\end{pmatrix}$，$\boldsymbol{B}=\begin{pmatrix}\boldsymbol{B}_1 & \boldsymbol{O} & \cdots & \boldsymbol{O}\\ \boldsymbol{O} & \boldsymbol{B}_2 & \cdots & \boldsymbol{O}\\ \vdots & \vdots & & \vdots\\ \boldsymbol{O} & \boldsymbol{O} & \cdots & \boldsymbol{B}_l\end{pmatrix}$都是分块对角阵，其中 $\boldsymbol{A}_i$，$\boldsymbol{B}_i$ 是同阶的子方阵（$i=1,\ 2,\ \cdots,\ l$），则

$$\boldsymbol{AB}=\begin{pmatrix}\boldsymbol{A}_1\boldsymbol{B}_1 & \boldsymbol{O} & \cdots & \boldsymbol{O}\\ \boldsymbol{O} & \boldsymbol{A}_2\boldsymbol{B}_2 & \cdots & \boldsymbol{O}\\ \vdots & \vdots & & \vdots\\ \boldsymbol{O} & \boldsymbol{O} & \cdots & \boldsymbol{A}_l\boldsymbol{B}_l\end{pmatrix}.$$

1.2.7 线性方程组的一般概念

定义 1.12 包含 n 个未知量、m 个方程的线性方程组的一般形式为

$$\begin{cases}a_{11}x_1+a_{12}x_2+\cdots+a_{1n}x_n=b_1,\\ a_{21}x_1+a_{22}x_2+\cdots+a_{2n}x_n=b_2,\\ \qquad\vdots\\ a_{m1}x_1+a_{m2}x_2+\cdots+a_{mn}x_n=b_m.\end{cases}\tag{1-2}$$

当 b_i 全为零时，方程组(1-2)称为**齐次线性方程组**，否则称为**非齐次线性方程组**.

若 $x_1=\xi_{11}$，$x_2=\xi_{12}$，…，$x_n=\xi_{1n}$ 可以使方程组(1-2)中的 m 个等式都成立，则这组数 ξ_{11}，ξ_{12}，…，ξ_{1n} 称为方程组的一组**解**. 方程组的所有解的集合称为方程组的**解集**，也称为方程组的**全部解**或**通解**.

矩阵 $\boldsymbol{A}=\begin{pmatrix} a_{11} & a_{12} & \cdots & a_{1n} \\ a_{21} & a_{22} & \cdots & a_{2n} \\ \vdots & \vdots & & \vdots \\ a_{m1} & a_{m2} & \cdots & a_{mn} \end{pmatrix}$ 称为方程组(1-2)的**系数矩阵**，向量 $\boldsymbol{x}=\begin{pmatrix} x_1 \\ x_2 \\ \vdots \\ x_n \end{pmatrix}$ 称为**未知变量向量**，$\boldsymbol{b}=\begin{pmatrix} b_1 \\ b_2 \\ \vdots \\ b_m \end{pmatrix}$ 称为**常数项向量**，$(\boldsymbol{A},\boldsymbol{b})=\begin{pmatrix} a_{11} & a_{12} & \cdots & a_{1n} & b_1 \\ a_{21} & a_{22} & \cdots & a_{2n} & b_2 \\ \vdots & \vdots & & \vdots & \vdots \\ a_{m1} & a_{m2} & \cdots & a_{mn} & b_m \end{pmatrix}$ 称为方程组(1-2)的**增广矩阵**.

根据矩阵的乘法运算，线性方程组(1-2)可以表示为矩阵方程的形式：$\boldsymbol{Ax}=\boldsymbol{b}$. 即

$$\begin{pmatrix} a_{11} & a_{12} & \cdots & a_{1n} \\ a_{21} & a_{22} & \cdots & a_{2n} \\ \vdots & \vdots & & \vdots \\ a_{m1} & a_{m2} & \cdots & a_{mn} \end{pmatrix}\begin{pmatrix} x_1 \\ x_2 \\ \vdots \\ x_n \end{pmatrix}=\begin{pmatrix} b_1 \\ b_2 \\ \vdots \\ b_m \end{pmatrix}.$$

若对 $\boldsymbol{A}=\begin{pmatrix} a_{11} & a_{12} & \cdots & a_{1n} \\ a_{21} & a_{22} & \cdots & a_{2n} \\ \vdots & \vdots & & \vdots \\ a_{m1} & a_{m2} & \cdots & a_{mn} \end{pmatrix}$ 进行如下分块

$$\left(\begin{array}{c:c:c:c} a_{11} & a_{12} & \cdots & a_{1n} \\ a_{21} & a_{22} & \cdots & a_{2n} \\ \vdots & \vdots & & \vdots \\ a_{m1} & a_{m2} & \cdots & a_{mn} \end{array}\right)=(\boldsymbol{\alpha}_1,\ \boldsymbol{\alpha}_2,\ \cdots,\ \boldsymbol{\alpha}_n),$$

则线性方程组(1-2)又可以表示为向量形式：

$$x_1\boldsymbol{\alpha}_1+x_2\boldsymbol{\alpha}_2+\cdots+x_n\boldsymbol{\alpha}_n=\boldsymbol{b}.$$

上述讨论中 $\boldsymbol{Ax}=\boldsymbol{b}$ 和 $x_1\boldsymbol{\alpha}_1+x_2\boldsymbol{\alpha}_2+\cdots+x_n\boldsymbol{\alpha}_n=\boldsymbol{b}$ 都是方程组(1-2)的表示形式，在后面章节中若无特别说明，它们都等同于方程组(1-2).

思考题 1）设 $\boldsymbol{A}$，$\boldsymbol{B}$，$\boldsymbol{C}$ 是三个 n 阶方阵，下面三个等式成立吗？

① $(\boldsymbol{AB})^k=\boldsymbol{A}^k\boldsymbol{B}^k$；

② $(\boldsymbol{A}+\boldsymbol{B})^2=\boldsymbol{A}^2+2\boldsymbol{AB}+\boldsymbol{B}^2$；

③ $(\boldsymbol{A}+\boldsymbol{B})(\boldsymbol{A}-\boldsymbol{B})=\boldsymbol{A}^2-\boldsymbol{B}^2$.

2）在例 1.10 的分法①中分块矩阵 $\boldsymbol{B}$ 是二阶方阵吗？

习题 1.2

1. 设

$$\boldsymbol{A}=\begin{pmatrix}1&0&1&0\\0&1&0&1\end{pmatrix},\quad \boldsymbol{B}=\begin{pmatrix}1&2&1&2\\2&1&2&1\end{pmatrix},$$

计算 $3\boldsymbol{A}-\boldsymbol{B}$，$\boldsymbol{AB}^{\mathrm{T}}$.

2. 利用矩阵的乘法把线性方程组

$$\begin{cases}x_1-2x_2-4x_3+\ x_4=1,\\2x_1-3x_2+5x_3-2x_4=1,\\3x_1-4x_2+6x_3+3x_4=1\end{cases}$$

写成矩阵方程的形式.

3. 计算下列矩阵的乘积.

（1）$(1,1,1)\begin{pmatrix}1\\2\\3\end{pmatrix}$；　　（2）$\begin{pmatrix}3\\1\\2\end{pmatrix}(1,1,1)$；

（3）$(x_1,x_2)\begin{pmatrix}a_{11}&a_{12}\\a_{21}&a_{22}\end{pmatrix}\begin{pmatrix}x_1\\x_2\end{pmatrix}$.

4. 设有 4 座城市 A，B，C，D，其中只有某些城市之间有航班：$A\to B$，$B\to D$，$C\to A$，$D\to C$，至少经过多少次中转从任何一个城市出发可到达另外三个城市？

5. 设 $\boldsymbol{A}$ 是 n 阶对称矩阵，$\boldsymbol{B}$ 是 n 阶反对阵矩阵. 证明：$\boldsymbol{AB}+\boldsymbol{BA}$ 是反对称矩阵.

1.3 矩阵的初等变换与线性方程组的解法

在初等代数课程中，我们学习过用消元法求解二元和三元线性方程组. 当然，高斯消元法也适用于含未知变量更多的方程组. 本节讨论如何利用矩阵的初等行变换来求解线性方程组.

1.3.1 高斯消元法

高斯消元法的主要思想是：利用其中的一个方程把其他方程中的未知变量消去，使得方程含有未知变量的个数呈递减的趋势，最终得到容易求解的线性方程组. 通过下面的例子再来回顾一下高斯消元法的求解过程.

例 1.11 用高斯消元法求解方程组

$$\begin{cases} 3x_1-5x_2+6x_3=13, & ① \\ 4x_1+6x_3=2, & ② \\ x_1-x_2+x_3=2, & ③ \\ 3x_1-x_2+4x_3=3. & ④ \end{cases} \tag{1-3}$$

解

$$\begin{cases} 3x_1-5x_2+6x_3=13, & ① \\ 4x_1+6x_3=2, & ② \\ x_1-x_2+x_3=2, & ③ \\ 3x_1-x_2+4x_3=3. & ④ \end{cases} \xrightarrow[②\times\frac{1}{2}]{①\leftrightarrow③} \begin{cases} x_1-x_2+x_3=2, & ① \\ 2x_1+3x_3=1, & ② \\ 3x_1-5x_2+6x_3=13, & ③ \\ 3x_1-x_2+4x_3=3. & ④ \end{cases}$$

$$\xrightarrow[\substack{③-3\times① \\ ④-3\times①}]{②-2\times①} \begin{cases} x_1-x_2+x_3=2, & ① \\ 2x_2+x_3=-3, & ② \\ -2x_2+3x_3=7, & ③ \\ 2x_2+x_3=-3. & ④ \end{cases} \xrightarrow[④-②]{③+②} \begin{cases} x_1-x_2+x_3=2, & ① \\ 2x_2+x_3=-3, & ② \\ 4x_3=4, & ③ \\ 0=0. & ④ \end{cases} \tag{1-4}$$

上面第1，2步是为消去未知变量 x_1 做准备；第3，4，5步是为了消去②，③，④中的 x_1 的过程；第6，7步是为了消去③，④中的 x_2，至此消元完毕. 方程组(1-4)中方程④是恒等式，求方程组的解时不需要再考虑. 要求出其解，需在方程组(1-4)中将方程③两边同除以4，得 $x_3=1$，将 $x_3=1$ 代入方程组(1-4)中的方程②，可求得 $x_2=-2$；再将 $x_2=-2$，$x_3=1$ 代入方程组(1-4)中的方程①，得 $x_1=-1$. 所以，原方程组(1-3)的解为

$$\begin{pmatrix} x_1 \\ x_2 \\ x_3 \end{pmatrix} = \begin{pmatrix} -1 \\ -2 \\ 1 \end{pmatrix}.$$

事实上，上述回代求解的过程相当于对方程组(1-4)进行如下操作

$$式(1\text{-}4)\xrightarrow{③\times\frac{1}{4}}\begin{cases} x_1 - x_2 + x_3 = 2, & ① \\ 2x_2 + x_3 = -3, & ② \\ x_3 = 1. & ③ \end{cases}\xrightarrow[②-③]{①-③}\begin{cases} x_1 - x_2 = 1, & ① \\ 2x_2 = -4, & ② \\ x_3 = 1. & ③ \end{cases}$$

$$\xrightarrow[①+②]{②\times\frac{1}{2}}\begin{cases} x_1 = -1, \\ x_2 = -2, \\ x_3 = 1. \end{cases}$$

在上述消元过程中，始终把方程看作一个整体，而且对方程始终只进行了以下三种变换：

1）交换方程的次序；

2）以非零常数 k 乘某个方程；

3）一个方程加上另一个方程的 k 倍.

这三种变换都是可逆的变换，即对任一方程组施行 1）~3)中的任何一种变换会得到一个新的方程组，对新的方程组施行三种变换中的某一种又可以将其变为原来的方程组，因此在这三种变换下不改变方程组的解.

在上述消元过程中，实际上只是对方程组的系数和右端的常数项进行了变换，未知变量并没有参与运算. 将方程组(1-3)的增广矩阵记为 $\boldsymbol{B}$，即

$$\boldsymbol{B} = \begin{pmatrix} 3 & -5 & 6 & 13 \\ 4 & 0 & 6 & 2 \\ 1 & -1 & 1 & 2 \\ 3 & -1 & 4 & 3 \end{pmatrix}.$$

事实上，矩阵 $\boldsymbol{B}$ 的每一行对应方程组(1-3)中的一个方程，这样消元过程中对方程组的变换便可以转换为对增广矩阵 $\boldsymbol{B}$ 的行的变换. 把对方程进行的三种变换转换为对矩阵行的变换就得到了矩阵初等行变换的概念.

1.3.2 矩阵的初等变换

定义 1.13 对矩阵进行的下列三种变换称为矩阵的初等

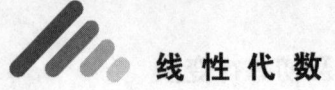

行变换：

1）对调两行(对调 i,j 两行，记作 $r_i \leftrightarrow r_j$)；

2）以非零常数 k 乘某一行(以 $k \neq 0$ 乘第 i 行，记作 $r_i \times k$)；

3）某一行所有元素的 k 倍加到另一行的对应元素上去(第 j 行的 k 倍加到第 i 行，记作 $r_i + kr_j$).

这三种变换都是可逆变换.

把定义中的“行”换成“列”，就得到矩阵的**初等列变换**的定义. 初等行变换和初等列变换统称为矩阵的**初等变换**.

若矩阵 $\boldsymbol{A}$ 经过有限次初等行变换变成矩阵 $\boldsymbol{B}$，则称矩阵 $\boldsymbol{A}$ 与 $\boldsymbol{B}$ **行等价**，记作 $\boldsymbol{A} \overset{r}{\sim} \boldsymbol{B}$；若矩阵 $\boldsymbol{A}$ 经过有限次初等列变换变成矩阵 $\boldsymbol{B}$，则称矩阵 $\boldsymbol{A}$ 与 $\boldsymbol{B}$ **列等价**，记作 $\boldsymbol{A} \overset{c}{\sim} \boldsymbol{B}$；若矩阵 $\boldsymbol{A}$ 经过有限次初等变换变成矩阵 $\boldsymbol{B}$，则称矩阵 $\boldsymbol{A}$ 与 $\boldsymbol{B}$ **等价**，记作 $\boldsymbol{A} \sim \boldsymbol{B}$.

矩阵之间的等价关系具有下列性质：

1）反身性：$\boldsymbol{A} \sim \boldsymbol{A}$；

2）对称性：若 $\boldsymbol{A} \sim \boldsymbol{B}$，则 $\boldsymbol{B} \sim \boldsymbol{A}$；

3）传递性：若 $\boldsymbol{A} \sim \boldsymbol{B}$，$\boldsymbol{B} \sim \boldsymbol{C}$，则 $\boldsymbol{A} \sim \boldsymbol{C}$.

下面分别用高斯消元法和初等行变换求解线性方程组(1-3).

$$\begin{cases} 3x_1 - 5x_2 + 6x_3 = 13, & \text{①} \\ 4x_1 \qquad\quad + 6x_3 = 2, & \text{②} \\ x_1 - x_2 + x_3 = 2, & \text{③} \\ 3x_1 - x_2 + 4x_3 = 3. & \text{④} \end{cases} \qquad \begin{pmatrix} 3 & -5 & 6 & 13 \\ 4 & 0 & 6 & 2 \\ 1 & -1 & 1 & 2 \\ 3 & -1 & 4 & 3 \end{pmatrix}$$

$$\xrightarrow[\text{②}\times\frac{1}{2}]{\text{①}\leftrightarrow\text{③}} \qquad\qquad \underset{r_2 \times \frac{1}{2}}{\overset{r_1 \leftrightarrow r_3}{\sim}}$$

$$\begin{cases} x_1 - x_2 + x_3 = 2, & \text{①} \\ 2x_1 \qquad\quad + 3x_3 = 1, & \text{②} \\ 3x_1 - 5x_2 + 6x_3 = 13, & \text{③} \\ 3x_1 - x_2 + 4x_3 = 3. & \text{④} \end{cases} \qquad \begin{pmatrix} 1 & -1 & 1 & 2 \\ 2 & 0 & 3 & 1 \\ 3 & -5 & 6 & 13 \\ 3 & -1 & 4 & 3 \end{pmatrix}$$

$$\xrightarrow[\substack{\text{③}-3\times\text{①} \\ \text{④}-3\times\text{①}}]{\text{②}-2\times\text{①}} \qquad\qquad \underset{\substack{r_3 - 3r_1 \\ r_4 - 3r_1}}{\overset{r_2 - 2r_1}{\sim}}$$

$$\begin{cases} x_1 - x_2 + x_3 = 2, & \text{①} \\ \qquad 2x_2 + x_3 = -3, & \text{②} \\ \quad -2x_2 + 3x_3 = 7, & \text{③} \\ \qquad 2x_2 + x_3 = -3. & \text{④} \end{cases} \qquad \begin{pmatrix} 1 & -1 & 1 & 2 \\ 0 & 2 & 1 & -3 \\ 0 & -2 & 3 & 7 \\ 0 & 2 & 1 & -3 \end{pmatrix}$$

$$\xrightarrow[④-②]{③+②}\qquad\qquad\qquad\qquad \underset{r_4-r_2}{\overset{r_3+r_2}{\sim}}$$

$$\begin{cases} x_1 - x_2 + x_3 = 2, ① \\ \quad 2x_2 + x_3 = -3, ② \\ \qquad 4x_3 = 4, ③ \\ \qquad\quad 0 = 0. ④ \end{cases} \qquad \boldsymbol{B}_1 = \begin{pmatrix} 1 & -1 & 1 & 2 \\ 0 & 2 & 1 & -3 \\ 0 & 0 & 4 & 4 \\ 0 & 0 & 0 & 0 \end{pmatrix} = \boldsymbol{B}_1$$

$$\xrightarrow{③\times\frac{1}{4}}\qquad\qquad\qquad\qquad \overset{r_3\times\frac{1}{4}}{\sim}$$

$$\begin{cases} x_1 - x_2 + x_3 = 2, ① \\ \quad 2x_2 + x_3 = -3, ② \\ \qquad\quad x_3 = 1, ③ \\ \qquad\quad 0 = 0. ④ \end{cases} \qquad \begin{pmatrix} 1 & -1 & 1 & 2 \\ 0 & 2 & 1 & -3 \\ 0 & 0 & 1 & 1 \\ 0 & 0 & 0 & 0 \end{pmatrix}$$

$$\xrightarrow[②-③]{①-③}\qquad\qquad\qquad\qquad \underset{r_2-r_3}{\overset{r_1-r_3}{\sim}}$$

$$\begin{cases} x_1 - x_2 = 1, ① \\ \quad 2x_2 = -4, ② \\ \qquad x_3 = 1, ③ \\ \qquad 0 = 0. ④ \end{cases} \qquad \begin{pmatrix} 1 & -1 & 0 & 1 \\ 0 & 2 & 0 & -4 \\ 0 & 0 & 1 & 1 \\ 0 & 0 & 0 & 0 \end{pmatrix}$$

$$\xrightarrow[①+②]{②\times\frac{1}{2}}\qquad\qquad\qquad\qquad \underset{r_1+r_2}{\overset{r_2\times\frac{1}{2}}{\sim}}$$

$$\begin{cases} x_1 = -1, \\ x_2 = -2, \\ x_3 = 1, \\ 0 = 0. \end{cases} \qquad \begin{pmatrix} 1 & 0 & 0 & -1 \\ 0 & 1 & 0 & -2 \\ 0 & 0 & 1 & 1 \\ 0 & 0 & 0 & 0 \end{pmatrix} = \boldsymbol{B}_2$$

由上述对比可知，要求解线性方程组只需利用初等行变换将方程组的增广矩阵化为形如 $\boldsymbol{B}_2$ 的矩阵，再将 $\boldsymbol{B}_2$ 对应的方程组写出来并移项即可. 为了叙述方便，我们给出以下两个定义.

定义 1.14 若一个矩阵满足以下三个条件

1）可画出一条阶梯线，线的下方全为零；

2）每个台阶只有一行；

3）阶梯线的竖线后面是非零行的第一个非零元素，

则称此矩阵为**行阶梯形矩阵**.

由定义可知，行阶梯形矩阵中若有元素全为零的行（称为零行），则应在矩阵的最下方.

定义 1.15 若一个矩阵是行阶梯形矩阵且满足

4）非零行的第一个非零元都是 1；

5）非零行的第一个非零元所在的列的其他元素都是零，则称此矩阵为**行最简形矩阵**.

显然，在用初等行变换求解方程组(1-3)的过程中，矩阵 $\boldsymbol{B}_1$ 和 $\boldsymbol{B}_2$ 都是行阶梯形矩阵，$\boldsymbol{B}_2$ 也是行最简形矩阵. 易见，一个矩阵的行阶梯矩阵是不唯一的，但其行最简形矩阵唯一.

例 1.12　利用初等行变换将矩阵

$$\boldsymbol{A}=\begin{pmatrix}1 & 1 & -1 & -1\\ 2 & -5 & 3 & 2\\ 7 & -7 & 3 & 1\end{pmatrix}$$

化为行阶梯形矩阵.

解　$$\boldsymbol{A}\xrightarrow[r_3-7r_1]{r_2-2r_1}\begin{pmatrix}1 & 1 & -1 & -1\\ 0 & -7 & 5 & 4\\ 0 & -14 & 10 & 8\end{pmatrix}\xrightarrow{r_3-2r_2}\begin{pmatrix}1 & 1 & -1 & -1\\ 0 & -7 & 5 & 4\\ 0 & 0 & 0 & 0\end{pmatrix}.$$

例 1.13　利用初等行变换将矩阵

$$\boldsymbol{A}=\begin{pmatrix}3 & 1 & 2 & 1\\ 4 & -2 & 1 & 3\\ 2 & 0 & -1 & 1\end{pmatrix}$$

化为行最简形矩阵.

解　$$\boldsymbol{A}\xrightarrow{r_1-r_3}\begin{pmatrix}1 & 1 & 3 & 0\\ 4 & -2 & 1 & 3\\ 2 & 0 & -1 & 1\end{pmatrix}\xrightarrow[r_3-2r_1]{r_2-4r_1}\begin{pmatrix}1 & 1 & 3 & 0\\ 0 & -6 & -11 & 3\\ 0 & -2 & -7 & 1\end{pmatrix}$$

$$\xrightarrow{r_2\leftrightarrow r_3}\begin{pmatrix}1 & 1 & 3 & 0\\ 0 & -2 & -7 & 1\\ 0 & -6 & -11 & 3\end{pmatrix}\xrightarrow[r_3\times\frac{1}{10}]{r_3-3r_2}\begin{pmatrix}1 & 1 & 3 & 0\\ 0 & -2 & -7 & 1\\ 0 & 0 & 1 & 0\end{pmatrix}$$

$$\xrightarrow{r_2\times\left(-\frac{1}{2}\right)}\begin{pmatrix}1 & 1 & 3 & 0\\ 0 & 1 & \dfrac{7}{2} & -\dfrac{1}{2}\\ 0 & 0 & 1 & 0\end{pmatrix}\xrightarrow[r_2-\frac{7}{2}r_3]{r_1-3r_3}\begin{pmatrix}1 & 1 & 0 & 0\\ 0 & 1 & 0 & -\dfrac{1}{2}\\ 0 & 0 & 1 & 0\end{pmatrix}$$

$$\xrightarrow{r_1-r_2}\begin{pmatrix}1 & 0 & 0 & \dfrac{1}{2}\\ 0 & 1 & 0 & -\dfrac{1}{2}\\ 0 & 0 & 1 & 0\end{pmatrix}.$$

如果对例 1.11 中的行最简形矩阵 $\boldsymbol{B}_2$ 再施行下面的初等列变换

$$
\boldsymbol{B}_2=\begin{pmatrix}1&0&0&-1\\0&1&0&-2\\0&0&1&1\\0&0&0&0\end{pmatrix}\xrightarrow[c_4-c_3]{\substack{c_4+c_1\\c_4+2c_2}}\left(\begin{array}{ccc:c}1&0&0&0\\0&1&0&0\\0&0&1&0\\\hdashline 0&0&0&0\end{array}\right)=\begin{pmatrix}\boldsymbol{E}_3&\boldsymbol{0}\\\boldsymbol{0}&0\end{pmatrix}=\boldsymbol{B}_3.
$$

矩阵 $\boldsymbol{B}_3$ 的形式更简单，其特点是：矩阵 $\boldsymbol{B}_3$ 的左上角是一个单位矩阵，其余元素全为零，像 $\boldsymbol{B}_3$ 这样的矩阵称为矩阵 $\boldsymbol{A}$ 的**等价标准形**.

用归纳法可以证明，只需通过初等行变换就可以将一个矩阵化为行阶梯形矩阵和行最简形矩阵，而要经过初等行变换和初等列变换可以把一个矩阵化为标准形矩阵.

定理 1.1 **任意一个矩阵 $\boldsymbol{A}_{m\times n}$ 总可以通过初等变换(行变换和列变换)化成等价标准形，即 $\boldsymbol{A}\sim\begin{pmatrix}\boldsymbol{E}_r&\boldsymbol{O}\\\boldsymbol{O}&\boldsymbol{O}\end{pmatrix}_{m\times n}$.**

任意一个非零矩阵,其标准形矩阵中单位矩阵的阶数与其行阶梯形矩阵或行最简形矩阵中非零行的行数相等.

1.3.3 线性方程组的解法

求解线性方程组是线性代数的中心内容. 本课程所讲的主要内容都是围绕求解线性方程组这一主题展开的. 通过例 1.11 我们已经知道了利用初等行变换求解方程组的基本过程. 下面来看两个例子.

例 1.14 求解线性方程组 $\begin{cases}2x_1-x_2+3x_3=1,\\4x_1-2x_2+5x_3=4,\\2x_1-x_2+4x_3=-1.\end{cases}$

解 对增广矩阵 $(\boldsymbol{A},\boldsymbol{b})$ 施行初等行变换化为行最简形矩阵,

$$
(\boldsymbol{A},\boldsymbol{b})=\begin{pmatrix}2&-1&3&1\\4&-2&5&4\\2&-1&4&-1\end{pmatrix}\xrightarrow[r_3-r_1]{r_2-2r_1}\begin{pmatrix}2&-1&3&1\\0&0&-1&2\\0&0&1&-2\end{pmatrix}
$$

$$
\xrightarrow{r_3+r_2}\begin{pmatrix}2&-1&3&1\\0&0&-1&2\\0&0&0&0\end{pmatrix}\xrightarrow[r_2\times(-1)]{r_1+3r_2}\begin{pmatrix}2&-1&0&7\\0&0&1&-2\\0&0&0&0\end{pmatrix}
$$

$$
\xrightarrow{r_1\times\frac{1}{2}}\begin{pmatrix}1&-\frac{1}{2}&0&\frac{7}{2}\\0&0&1&-2\\0&0&0&0\end{pmatrix},
$$

即得与原方程组同解的方程组

$$\begin{cases} x_1 = \dfrac{1}{2}x_2 + \dfrac{7}{2}, \\ x_3 = -2, \end{cases}$$

经过消元后，方程组变为含有三个未知变量两个有效方程的方程组，要求出其解必须用其中一个变量将其余变量表示出来，若令 $x_2 = c$（此时 x_2 称为自由未知量），得原方程组的全部解的向量形式为

$$\begin{pmatrix} x_1 \\ x_2 \\ x_3 \end{pmatrix} = \begin{pmatrix} \dfrac{7}{2} + \dfrac{1}{2}c \\ c \\ -2 \end{pmatrix} = \begin{pmatrix} \dfrac{7}{2} \\ 0 \\ -2 \end{pmatrix} + c\begin{pmatrix} \dfrac{1}{2} \\ 1 \\ 0 \end{pmatrix} (c \text{ 为任意常数}).$$

例 1.15　求解线性方程组

$$\begin{cases} 2x_1 + 2x_2 + 2x_3 = 0, \\ -x_1 + x_2 - 2x_3 = 0, \\ 2x_2 - x_3 = 0. \end{cases}$$

解　对所求线性方程组的系数矩阵 $\boldsymbol{A}$ 施行初等行变换

$$\boldsymbol{A} = \begin{pmatrix} 2 & 2 & 2 \\ -1 & 1 & -2 \\ 0 & 2 & -1 \end{pmatrix} \xrightarrow{r_1 \times \frac{1}{2}} \begin{pmatrix} 1 & 1 & 1 \\ -1 & 1 & -2 \\ 0 & 2 & -1 \end{pmatrix} \xrightarrow{r_2 + r_1} \begin{pmatrix} 1 & 1 & 1 \\ 0 & 2 & -1 \\ 0 & 2 & -1 \end{pmatrix}$$

$$\xrightarrow[r_2 \times \frac{1}{2}]{r_3 - r_2} \begin{pmatrix} 1 & 1 & 1 \\ 0 & 1 & -\dfrac{1}{2} \\ 0 & 0 & 0 \end{pmatrix} \xrightarrow{r_1 - r_2} \begin{pmatrix} 1 & 0 & \dfrac{3}{2} \\ 0 & 1 & -\dfrac{1}{2} \\ 0 & 0 & 0 \end{pmatrix},$$

得与原方程组同解的方程组

$$\begin{cases} x_1 = -\dfrac{3}{2}x_3, \\ x_2 = \dfrac{1}{2}x_3, \end{cases}$$

令 $x_3 = c$，则原方程组全部解的向量形式为

$$\begin{pmatrix} x_1 \\ x_2 \\ x_3 \end{pmatrix} = \begin{pmatrix} -\dfrac{3}{2}c \\ \dfrac{1}{2}c \\ c \end{pmatrix} = c\begin{pmatrix} -\dfrac{3}{2} \\ \dfrac{1}{2} \\ 1 \end{pmatrix} (c \text{ 为任意常数}).$$

由以上两例可知，利用初等行变换求解线性方程组的步骤为：先利用初等行变换将方程组的增广矩阵化为行最简形矩阵，再将与行最简形矩阵对应的方程组写出来，最后选择自由未知量把方程组的全部解表示出来即可.

一般地，由行最简形矩阵写出与原方程组同解的方程组时，非零行的第一个非零元素所对应的未知量放在方程组的左端，其余未知量系数变号放在方程组右端作为自由未知量，注意常数项不变号.

思考题 在例 1.15 中，为什么只对其系数矩阵 $\boldsymbol{A}$ 进行化简？

习题 1.3

1. 利用初等行变换将下列矩阵化为行最简形矩阵.

(1) $\boldsymbol{A}=\begin{pmatrix}1&0&2&-1\\2&0&3&1\\3&0&4&3\end{pmatrix}$； (2) $\boldsymbol{A}=\begin{pmatrix}0&2&-3&1\\0&3&-4&3\\0&4&-7&-1\end{pmatrix}$；

(3) $\begin{pmatrix}2&1&1&-1\\0&0&2&1\\1&0&1&-1\end{pmatrix}$.

2. 求解下列线性方程组：

(1) $\begin{cases}x_1-x_2+5x_3-x_4=0,\\x_1+x_2-2x_3+3x_4=0,\\x_1+3x_2-9x_3+7x_4=0,\\3x_1-x_2+8x_3+x_4=0;\end{cases}$ (2) $\begin{cases}2x_1+x_2-x_3=1,\\x_1-3x_2+4x_3=2,\\11x_1-12x_2+17x_3=13.\end{cases}$

3. 设平面上二次曲线 $y=a_0+a_1x+a_2x^2$ 过三点 (1,2), (2,3), (3,5), 求此曲线方程.

1.4 初等矩阵与方阵的逆

1.4.1 方阵的逆矩阵

定义 1.16 设 $\boldsymbol{A}$ 为 n 阶方阵，若存在一个 n 阶方阵 $\boldsymbol{B}$，使得

$$\boldsymbol{AB}=\boldsymbol{BA}=\boldsymbol{E}_n,$$

则称矩阵 $\boldsymbol{A}$ 为**可逆矩阵**，简称 $\boldsymbol{A}$ 可逆，并称 $\boldsymbol{B}$ 为 $\boldsymbol{A}$ 的**逆矩阵**，简称逆阵.

定理 1.2　**如果 $\boldsymbol{A}$ 为可逆矩阵，则其逆阵是唯一的.**

证明　设 $\boldsymbol{AB}=\boldsymbol{BA}=\boldsymbol{E}$，且 $\boldsymbol{AC}=\boldsymbol{CA}=\boldsymbol{E}$，则

$$\boldsymbol{B}=\boldsymbol{BE}=\boldsymbol{B}(\boldsymbol{AC})=(\boldsymbol{BA})\boldsymbol{C}=\boldsymbol{EC}=\boldsymbol{C}.$$

$\boldsymbol{A}$ 的逆阵通常用 $\boldsymbol{A}^{-1}$ 表示，根据定义显然有

$$\boldsymbol{AA}^{-1}=\boldsymbol{A}^{-1}\boldsymbol{A}=\boldsymbol{E}. \tag{1-5}$$

逆矩阵具有下面的性质.

性质 1　设 $\boldsymbol{A}$, $\boldsymbol{B}$ 为 n 阶可逆矩阵，则

1) $\boldsymbol{A}^{-1}$ 可逆，且 $(\boldsymbol{A}^{-1})^{-1}=\boldsymbol{A}$；

2) $\lambda\boldsymbol{A}$ 可逆，且 $(\lambda\boldsymbol{A})^{-1}=\dfrac{1}{\lambda}\boldsymbol{A}^{-1}$，其中 λ 是非零实数；

3) $\boldsymbol{A}^{\mathrm{T}}$ 可逆，且 $(\boldsymbol{A}^{\mathrm{T}})^{-1}=(\boldsymbol{A}^{-1})^{\mathrm{T}}$；

4) $\boldsymbol{AB}$ 可逆，且 $(\boldsymbol{AB})^{-1}=\boldsymbol{B}^{-1}\boldsymbol{A}^{-1}$.

证明　1) 由于 $\boldsymbol{A}$ 为可逆阵，故存在 $\boldsymbol{A}^{-1}$，满足 $\boldsymbol{AA}^{-1}=\boldsymbol{A}^{-1}\boldsymbol{A}=\boldsymbol{E}$. 从 $\boldsymbol{A}^{-1}$ 的角度看，则 $\boldsymbol{A}^{-1}$ 为可逆阵，且其逆为 $\boldsymbol{A}$，即 $(\boldsymbol{A}^{-1})^{-1}=\boldsymbol{A}$.

2) 由于 $\lambda\neq 0$，则 $(\lambda\boldsymbol{A})\left(\dfrac{1}{\lambda}\boldsymbol{A}^{-1}\right)=\boldsymbol{AA}^{-1}=\boldsymbol{E}$，$\left(\dfrac{1}{\lambda}\boldsymbol{A}^{-1}\right)(\lambda\boldsymbol{A})=\boldsymbol{A}^{-1}\boldsymbol{A}=\boldsymbol{E}$，所以 $(\lambda\boldsymbol{A})^{-1}=\dfrac{1}{\lambda}\boldsymbol{A}^{-1}$.

3) 由于

$$\boldsymbol{A}^{\mathrm{T}}(\boldsymbol{A}^{-1})^{\mathrm{T}}=(\boldsymbol{A}^{-1}\boldsymbol{A})^{\mathrm{T}}=\boldsymbol{E}^{\mathrm{T}}=\boldsymbol{E},$$
$$(\boldsymbol{A}^{-1})^{\mathrm{T}}\boldsymbol{A}^{\mathrm{T}}=(\boldsymbol{AA}^{-1})^{\mathrm{T}}=\boldsymbol{E}^{\mathrm{T}}=\boldsymbol{E},$$

故 $\boldsymbol{A}^{\mathrm{T}}$ 为可逆阵且其逆矩阵为 $(\boldsymbol{A}^{-1})^{\mathrm{T}}$，即 $(\boldsymbol{A}^{\mathrm{T}})^{-1}=(\boldsymbol{A}^{-1})^{\mathrm{T}}$.

4) 因为

$$(\boldsymbol{AB})(\boldsymbol{B}^{-1}\boldsymbol{A}^{-1})=\boldsymbol{A}(\boldsymbol{BB}^{-1})\boldsymbol{A}^{-1}=\boldsymbol{AEA}^{-1}=\boldsymbol{AA}^{-1}=\boldsymbol{E},$$
$$(\boldsymbol{B}^{-1}\boldsymbol{A}^{-1})(\boldsymbol{AB})=\boldsymbol{B}^{-1}(\boldsymbol{A}^{-1}\boldsymbol{A})\boldsymbol{B}=\boldsymbol{B}^{-1}\boldsymbol{EB}=\boldsymbol{B}^{-1}\boldsymbol{B}=\boldsymbol{E},$$

所以 $(\boldsymbol{AB})^{-1}=\boldsymbol{B}^{-1}\boldsymbol{A}^{-1}$.

性质 1 中的 1) 表明，当方阵 $\boldsymbol{A}$ 可逆时，$\boldsymbol{A}$ 与 $\boldsymbol{A}^{-1}$ 是互逆的. 而 3) 表明，可逆矩阵的转置运算和逆运算是可交换的. 前面已介绍过转置运算具有性质 $(\boldsymbol{A}^{\mathrm{T}})^{\mathrm{T}}=\boldsymbol{A}$，$(\boldsymbol{AB})^{\mathrm{T}}=\boldsymbol{B}^{\mathrm{T}}\boldsymbol{A}^{\mathrm{T}}$，而逆运算具有性质 $(\boldsymbol{A}^{-1})^{-1}=\boldsymbol{A}$，$(\boldsymbol{AB})^{-1}=\boldsymbol{B}^{-1}\boldsymbol{A}^{-1}$，可见这两种运算具有相同的形式.

性质 1 的 4) 可以推广为：任意有限个可逆矩阵的乘积仍是

可逆矩阵.

1.4.2 初等矩阵

定义 1.17 由单位矩阵 $\boldsymbol{E}$ 经过一次初等变换得到的矩阵称为**初等矩阵**.

三种初等变换对应着三种初等矩阵：

1）对调单位阵的 i,j 行(列)，记作 $\boldsymbol{E}(i,j)$；

2）以非零常数 k 乘单位阵的第 i 行(列)，记作 $\boldsymbol{E}(k(i))$；

3）以非零常数 k 乘单位阵的第 j 行(第 j 列)加到第 i 行(第 i 列)，记作 $\boldsymbol{E}(i,j(k))$.

以三阶单位矩阵为例，三种初等矩阵的形式如下.

1）对调单位阵的第 i, j 行(列).

$$\boldsymbol{E}_3=\begin{pmatrix}1&0&0\\0&1&0\\0&0&1\end{pmatrix}\xrightarrow{r_2\leftrightarrow r_3}\begin{pmatrix}1&0&0\\0&0&1\\0&1&0\end{pmatrix},\ \boldsymbol{E}_3=\begin{pmatrix}1&0&0\\0&1&0\\0&0&1\end{pmatrix}\xrightarrow{c_2\leftrightarrow c_3}\begin{pmatrix}1&0&0\\0&0&1\\0&1&0\end{pmatrix}.$$

2）以非零常数 k 乘单位阵第 i 行(列).

$$\boldsymbol{E}_3=\begin{pmatrix}1&0&0\\0&1&0\\0&0&1\end{pmatrix}\xrightarrow{r_3\times k}\begin{pmatrix}1&0&0\\0&1&0\\0&0&k\end{pmatrix},\ \boldsymbol{E}_3=\begin{pmatrix}1&0&0\\0&1&0\\0&0&1\end{pmatrix}\xrightarrow{c_3\times k}\begin{pmatrix}1&0&0\\0&1&0\\0&0&k\end{pmatrix}.$$

3）以 k 乘单位阵第 j 行加到第 i 行.

$$\boldsymbol{E}_3=\begin{pmatrix}1&0&0\\0&1&0\\0&0&1\end{pmatrix}\xrightarrow{r_3+kr_2}\begin{pmatrix}1&0&0\\0&1&0\\0&k&1\end{pmatrix},\ \boldsymbol{E}_3=\begin{pmatrix}1&0&0\\0&1&0\\0&0&1\end{pmatrix}\xrightarrow{c_2+kc_3}\begin{pmatrix}1&0&0\\0&1&0\\0&k&1\end{pmatrix}.$$

初等矩阵与矩阵相乘会有怎样的结果呢?

假设 $\boldsymbol{A}=\begin{pmatrix}a_{11}&a_{12}&a_{13}&a_{14}\\a_{21}&a_{22}&a_{23}&a_{24}\\a_{31}&a_{32}&a_{33}&a_{34}\end{pmatrix}$，$\boldsymbol{E}_3(2,3)=\begin{pmatrix}1&0&0\\0&0&1\\0&1&0\end{pmatrix}$，

$\boldsymbol{E}_4(2,3)=\begin{pmatrix}1&0&0&0\\0&0&1&0\\0&1&0&0\\0&0&0&1\end{pmatrix}$，则

$$\boldsymbol{E}_3(2,3)\boldsymbol{A}=\begin{pmatrix}1&0&0\\0&0&1\\0&1&0\end{pmatrix}\begin{pmatrix}a_{11}&a_{12}&a_{13}&a_{14}\\a_{21}&a_{22}&a_{23}&a_{24}\\a_{31}&a_{32}&a_{33}&a_{34}\end{pmatrix}=\begin{pmatrix}a_{11}&a_{12}&a_{13}&a_{14}\\a_{31}&a_{32}&a_{33}&a_{34}\\a_{21}&a_{22}&a_{23}&a_{24}\end{pmatrix},$$

上述过程等同于

$$A=\begin{pmatrix}a_{11}&a_{12}&a_{13}&a_{14}\\a_{21}&a_{22}&a_{23}&a_{24}\\a_{31}&a_{32}&a_{33}&a_{34}\end{pmatrix}\xrightarrow{r_2\leftrightarrow r_3}\begin{pmatrix}a_{11}&a_{12}&a_{13}&a_{14}\\a_{31}&a_{32}&a_{33}&a_{34}\\a_{21}&a_{22}&a_{23}&a_{24}\end{pmatrix}.$$

这说明在一个矩阵的左侧乘以一个初等矩阵相当于对该矩阵施行一次对应的初等行变换.

$$AE_4(2,3)=\begin{pmatrix}a_{11}&a_{12}&a_{13}&a_{14}\\a_{21}&a_{22}&a_{23}&a_{24}\\a_{31}&a_{32}&a_{33}&a_{34}\end{pmatrix}\begin{pmatrix}1&0&0&0\\0&0&1&0\\0&1&0&0\\0&0&0&1\end{pmatrix}=\begin{pmatrix}a_{11}&a_{13}&a_{12}&a_{14}\\a_{21}&a_{23}&a_{22}&a_{24}\\a_{31}&a_{33}&a_{32}&a_{34}\end{pmatrix},$$

上述过程等同于

$$A=\begin{pmatrix}a_{11}&a_{12}&a_{13}&a_{14}\\a_{21}&a_{22}&a_{23}&a_{24}\\a_{31}&a_{32}&a_{33}&a_{34}\end{pmatrix}\xrightarrow{c_2\leftrightarrow c_3}\begin{pmatrix}a_{11}&a_{13}&a_{12}&a_{14}\\a_{21}&a_{23}&a_{22}&a_{24}\\a_{31}&a_{33}&a_{32}&a_{34}\end{pmatrix}.$$

这说明在一个矩阵的右侧乘以一个初等矩阵相当于对该矩阵施行一次对应的初等列变换.

其他两类初等矩阵与矩阵 A 左乘或右乘的情形请读者自证.

性质 2　设 $\boldsymbol{A}$ 是一个 $m\times n$ 的矩阵，则

1）对 $\boldsymbol{A}$ 施行一次初等行变换，相当于在 $\boldsymbol{A}$ 的左边乘以相应的 m 阶初等矩阵；

2）对 $\boldsymbol{A}$ 施行一次初等列变换，相当于在 $\boldsymbol{A}$ 的右边乘以相应的 n 阶初等矩阵.

定理 1.3　**初等矩阵都是可逆矩阵，且其逆矩阵是同类型的初等矩阵.**

证明略. 以三阶方阵为例.

对于第一种类型的初等矩阵，

$$\begin{pmatrix}1&0&0\\0&0&1\\0&1&0\end{pmatrix}\begin{pmatrix}1&0&0\\0&0&1\\0&1&0\end{pmatrix}=\begin{pmatrix}1&0&0\\0&1&0\\0&0&1\end{pmatrix};$$

对于第二种类型的初等矩阵，

$$\begin{pmatrix}1&0&0\\0&1&0\\0&0&k\end{pmatrix}\begin{pmatrix}1&0&0\\0&1&0\\0&0&1/k\end{pmatrix}=\begin{pmatrix}1&0&0\\0&1&0\\0&0&1/k\end{pmatrix}\begin{pmatrix}1&0&0\\0&1&0\\0&0&k\end{pmatrix}=\begin{pmatrix}1&0&0\\0&1&0\\0&0&1\end{pmatrix};$$

对于第三种类型的初等矩阵，

$$\begin{pmatrix}1&0&0\\0&1&0\\0&k&1\end{pmatrix}\begin{pmatrix}1&0&0\\0&1&0\\0&-k&1\end{pmatrix}=\begin{pmatrix}1&0&0\\0&1&0\\0&-k&1\end{pmatrix}\begin{pmatrix}1&0&0\\0&1&0\\0&k&1\end{pmatrix}=\begin{pmatrix}1&0&0\\0&1&0\\0&0&1\end{pmatrix}.$$

1.4.3 方阵求逆

定理 1.4 **n 阶方阵 $\boldsymbol{A}$ 可逆的充分必要条件是存在有限个初等矩阵 $\boldsymbol{P}_1,\boldsymbol{P}_2,\cdots,\boldsymbol{P}_l$，使得 $\boldsymbol{A}=\boldsymbol{P}_1\boldsymbol{P}_2\cdots\boldsymbol{P}_l$.**

证明 必要性

设 n 阶方阵 $\boldsymbol{A}$ 可逆，且经过了 s 次初等行变换和 r 次初等列变换化为标准形. 若记这些初等变换对应的 n 阶初等矩阵为 $\boldsymbol{B}_1,\boldsymbol{B}_2,\cdots,\boldsymbol{B}_s$, $\boldsymbol{C}_1,\boldsymbol{C}_2,\cdots,\boldsymbol{C}_r$，由性质 2 知，

$$\boldsymbol{B}_s\cdots\boldsymbol{B}_2\boldsymbol{B}_1\boldsymbol{A}\boldsymbol{C}_1\boldsymbol{C}_2\cdots\boldsymbol{C}_r=\begin{pmatrix}\boldsymbol{E}_t&\boldsymbol{O}\\\boldsymbol{O}&\boldsymbol{O}\end{pmatrix}. \tag{1-6}$$

由定理 1.3 及性质 1 中的第 4) 条知式(1-6)的左端为可逆矩阵，从而式(1-6)的右端也是可逆矩阵，则此时必有 t 等于 n，即 $\boldsymbol{B}_s\cdots\boldsymbol{B}_2\boldsymbol{B}_1\boldsymbol{A}\boldsymbol{C}_1\boldsymbol{C}_2\cdots\boldsymbol{C}_r=\boldsymbol{E}_n$，得到 $\boldsymbol{A}=\boldsymbol{B}_1^{-1}\boldsymbol{B}_2^{-1}\cdots\boldsymbol{B}_s^{-1}\boldsymbol{C}_r^{-1}\cdots\boldsymbol{C}_2^{-1}\boldsymbol{C}_1^{-1}$，由定理 1.3 知初等矩阵的逆矩阵还是初等矩阵，结论得证.

充分性

由定理 1.3 知，初等矩阵 $\boldsymbol{P}_1,\boldsymbol{P}_2,\cdots,\boldsymbol{P}_l$ 是可逆矩阵，由性质 1 的第 4) 条知 $\boldsymbol{A}=\boldsymbol{P}_1\boldsymbol{P}_2\cdots\boldsymbol{P}_l$ 是可逆矩阵且 $\boldsymbol{A}^{-1}=\boldsymbol{P}_l^{-1}\cdots\boldsymbol{P}_2^{-1}\boldsymbol{P}_1^{-1}$.

定理 1.5 **设 $\boldsymbol{A}$, $\boldsymbol{B}$ 为 $m\times n$ 的矩阵，那么**

1) $\boldsymbol{A}\overset{r}{\sim}\boldsymbol{B}$ 的充分必要条件是存在 m 阶可逆矩阵 $\boldsymbol{P}$，使得 $\boldsymbol{PA}=\boldsymbol{B}$；

2) $\boldsymbol{A}\overset{c}{\sim}\boldsymbol{B}$ 的充分必要条件是存在 n 阶可逆矩阵 $\boldsymbol{Q}$，使得 $\boldsymbol{AQ}=\boldsymbol{B}$；

3) $\boldsymbol{A}\sim\boldsymbol{B}$ 的充分必要条件是存在 m 阶可逆矩阵 $\boldsymbol{P}$ 及 n 阶可逆矩阵 $\boldsymbol{Q}$，使得 $\boldsymbol{PAQ}=\boldsymbol{B}$.

证明 1) 必要性

已知 $\boldsymbol{A}\overset{r}{\sim}\boldsymbol{B}$，由定义，矩阵 $\boldsymbol{A}$ 可经过有限次初等行变换化成矩阵 $\boldsymbol{B}$. 不妨假设经过了 l 次初等行变换，且这 l 次初等行变换对应的初等矩阵是 $\boldsymbol{P}_1,\boldsymbol{P}_2,\cdots,\boldsymbol{P}_l$，由性质 2 的 1) 可知，$\boldsymbol{P}_l\cdots\boldsymbol{P}_2\boldsymbol{P}_1\boldsymbol{A}=\boldsymbol{B}$，记 $\boldsymbol{P}_l\cdots\boldsymbol{P}_2\boldsymbol{P}_1=\boldsymbol{P}$，由定理 1.3 及性质 1 的 4) 知，$\boldsymbol{P}$

是可逆矩阵.

充分性

由于 $\boldsymbol{P}$ 可逆，由定理 1.4 知 $\boldsymbol{P}=\boldsymbol{P}_1\boldsymbol{P}_2\cdots\boldsymbol{P}_l$，其中 $\boldsymbol{P}_1,\boldsymbol{P}_2,\cdots,\boldsymbol{P}_l$ 是初等矩阵，所以 $\boldsymbol{PA}=\boldsymbol{P}_1\boldsymbol{P}_2\cdots\boldsymbol{P}_l\boldsymbol{A}=\boldsymbol{B}$. 由性质 2 的 1) 知，相当于对矩阵 $\boldsymbol{A}$ 施行了 l 次初等行变换后变成了矩阵 $\boldsymbol{B}$，即 $\boldsymbol{A}\overset{r}{\sim}\boldsymbol{B}$.

2) 和 3) 的证明与此类似，请读者自己证明.

推论 1　方阵 $\boldsymbol{A}$ 可逆的充分必要条件是 $\boldsymbol{A}\overset{r}{\sim}\boldsymbol{E}(\boldsymbol{A}\overset{c}{\sim}\boldsymbol{E})$.

由定理 1.5 和推论 1 可得结论：设 $\boldsymbol{A}$ 是 n 阶方阵，若存在 n 阶方阵 $\boldsymbol{B}$，满足 $\boldsymbol{BA}=\boldsymbol{E}$ 或 $\boldsymbol{AB}=\boldsymbol{E}$，则方阵 $\boldsymbol{A}$ 可逆，且 $\boldsymbol{B}=\boldsymbol{A}^{-1}$.

由推论 1，如果 $\boldsymbol{A}$ 是 n 阶可逆方阵，则 $\boldsymbol{A}\overset{r}{\sim}\boldsymbol{E}$. 再由定理 1.5 知，存在 n 阶可逆矩阵 $\boldsymbol{P}$，使得 $\boldsymbol{PA}=\boldsymbol{E}$，且 $\boldsymbol{P}=\boldsymbol{A}^{-1}$. 对任意一个矩阵 $\boldsymbol{B}$，假设 $\boldsymbol{AB}$ 有意义，则

$$\boldsymbol{P}(\boldsymbol{A},\boldsymbol{B})=(\boldsymbol{PA},\boldsymbol{PB})=(\boldsymbol{E},\boldsymbol{A}^{-1}\boldsymbol{B}),$$

而矩阵 $\boldsymbol{A}$，$\boldsymbol{B}$ 同时右乘可逆矩阵 $\boldsymbol{P}$，相当于对 $\boldsymbol{A}$，$\boldsymbol{B}$ 同时进行了初等行变换

$$(\boldsymbol{A},\boldsymbol{B})\overset{r}{\sim}(\boldsymbol{E},\boldsymbol{A}^{-1}\boldsymbol{B}).$$

这给出了一种求 $\boldsymbol{A}^{-1}\boldsymbol{B}$ 的方法.

推论 2　设 $\boldsymbol{A}$ 是方阵，$\boldsymbol{AB}$ 有意义，若 $(\boldsymbol{A},\boldsymbol{B})\overset{r}{\sim}(\boldsymbol{E},\boldsymbol{P})$，则 $\boldsymbol{P}=\boldsymbol{A}^{-1}\boldsymbol{B}$.

例 1.16　求解矩阵方程 $\boldsymbol{AX}=\boldsymbol{B}$，其中 $\boldsymbol{A}=\begin{pmatrix}1&2\\2&3\end{pmatrix}$，$\boldsymbol{B}=\begin{pmatrix}1&0&-1\\4&2&1\end{pmatrix}$.

解　由 $\boldsymbol{AX}=\boldsymbol{B}$ 得 $\boldsymbol{X}=\boldsymbol{A}^{-1}\boldsymbol{B}$.

$$(\boldsymbol{A},\boldsymbol{B})=\begin{pmatrix}1&2&1&0&-1\\2&3&4&2&1\end{pmatrix}\overset{r_2-2r_1}{\sim}\begin{pmatrix}1&2&1&0&-1\\0&-1&2&2&3\end{pmatrix}$$

$$\overset{r_2\times(-1)}{\sim}\begin{pmatrix}1&2&1&0&-1\\0&1&-2&-2&-3\end{pmatrix}\overset{r_1-2r_2}{\sim}\begin{pmatrix}1&0&5&4&5\\0&1&-2&-2&-3\end{pmatrix},$$

所以 $\boldsymbol{X}=\begin{pmatrix}5&4&5\\-2&-2&-3\end{pmatrix}$.

在推论 2 中取 $\boldsymbol{B}=\boldsymbol{E}$ 得，若$(\boldsymbol{A},\boldsymbol{E})\overset{r}{\sim}(\boldsymbol{E},\boldsymbol{P})$，则 $\boldsymbol{A}$ 可逆，且 $\boldsymbol{P}=\boldsymbol{A}^{-1}$.

例 1.17 已知 $\boldsymbol{A}=\begin{pmatrix}1&-1&0\\-1&0&1\\2&-2&1\end{pmatrix}$，求 $\boldsymbol{A}^{-1}$.

解

$$(\boldsymbol{A},\boldsymbol{E}_3)=\begin{pmatrix}1&-1&0&1&0&0\\-1&0&1&0&1&0\\2&-2&1&0&0&1\end{pmatrix}\underset{r_3-2r_1}{\overset{r_2+r_1}{\sim}}\begin{pmatrix}1&-1&0&1&0&0\\0&-1&1&1&1&0\\0&0&1&-2&0&1\end{pmatrix}$$

$$\underset{r_2\times(-1)}{\overset{\substack{r_2-r_3\\r_1-r_2}}{\sim}}\begin{pmatrix}1&0&0&-2&-1&1\\0&1&0&-3&-1&1\\0&0&1&-2&0&1\end{pmatrix},$$

所以 $\boldsymbol{A}^{-1}=\begin{pmatrix}-2&-1&1\\-3&-1&1\\-2&0&1\end{pmatrix}$.

思考题 设 $\boldsymbol{A}$，$\boldsymbol{B}$，$\boldsymbol{C}$ 为同阶方阵，且 $\boldsymbol{A}$ 可逆，则

（1）$\boldsymbol{AB}=\boldsymbol{AC}$ 能否推出 $\boldsymbol{B}=\boldsymbol{C}$？

（2）$\boldsymbol{AB}=\boldsymbol{CB}$ 能否推出 $\boldsymbol{A}=\boldsymbol{C}$？

习题 1.4

1. 利用矩阵的初等行变换求下列矩阵的逆矩阵.

（1）$\begin{pmatrix}1&2\\2&3\end{pmatrix}$；（2）$\begin{pmatrix}1&-1&0\\-1&0&1\\2&-2&1\end{pmatrix}$；

（3）$\begin{pmatrix}1&0&0\\1&2&0\\1&2&3\end{pmatrix}$；（4）$\begin{pmatrix}1&2&3&4\\0&1&2&3\\0&0&1&2\\0&0&0&1\end{pmatrix}$.

2. 解满足下列条件的矩阵 X.

（1）$(\boldsymbol{A}+2\boldsymbol{E})\boldsymbol{X}=\boldsymbol{C}$，其中 $\boldsymbol{A}=\begin{pmatrix}1&1\\1&2\end{pmatrix}$，$\boldsymbol{C}=\begin{pmatrix}1&1\\0&1\end{pmatrix}$；

（2）$\boldsymbol{AX}=\boldsymbol{B}+2\boldsymbol{X}$，其中 $\boldsymbol{A}=\begin{pmatrix}1&-2&-1\\-2&1&-6\\0&2&-1\end{pmatrix}$，$\boldsymbol{B}=$

$\begin{pmatrix} 1 & 1 \\ 0 & 2 \\ -1 & 1 \end{pmatrix}$.

3. 已知

$$A^{-1}=\begin{pmatrix} 3 & 5 \\ -2 & -4 \end{pmatrix},$$

求 A.

4. n 个变量 $x_1,x_2,\cdots,x_n$ 与 m 个变量 $y_1,y_2,\cdots,y_m$ 之间的关系式为

$$\begin{cases} y_1=a_{11}x_1+a_{12}x_2+\cdots+a_{1n}x_n, \\ y_2=a_{21}x_1+a_{22}x_2+\cdots+a_{2n}x_n, \\ \qquad\vdots \\ y_m=a_{m1}x_1+a_{m2}x_2+\cdots+a_{mn}x_n. \end{cases}$$

该关系式表示一个从变量 $x_1,x_2,\cdots,x_n$ 到变量 $y_1,y_2,\cdots,y_m$ 的**线性变换**，其中 a_{ij} 为常数.

（1）根据矩阵的乘法将上述线性变换表示为矩阵相乘的形式；

（2）若 x_1,x_2,x_3 到 y_1,y_2,y_3 的线性变换为

$$\begin{cases} y_1=x_1+\ x_2-x_3, \\ y_2=x_1+2x_2+x_3, \\ y_3=x_1+3x_2+x_3, \end{cases}$$

求从 y_1,y_2,y_3 到 x_1,x_2,x_3 的线性变换.

1.5　应用举例与数学实验

1.5.1　网络流模型

网络流模型广泛应用于交通、运输、通信、电力分配、城市规划、任务分派以及计算机辅助设计等众多领域. 例如，城市规划设计人员和交通工程师监控城市道路网络内的交通流量，电气工程师计算电路中流经的电流，经济学家分析产品通过批发商和零售商网络从生产者到消费者的分配过程等都要用到网络流模型.

一个网络由一个点集以及连接部分或全部点的直线或弧线构成. 网络中的点称为联结点（或结点），网络中的连接线称为

分支. 每一个分支中的流量方向已经指定，并且流量(或流速)已知或者已标为变量.

网络流的基本假设是网络中流入与流出的总量相等，并且每个联结点流入和流出的总量也相等. 例如，图 1-3 中，x_1，x_2，x_3 分别表示从其他分支流出的流量，x_4，x_5 分别表示从其他分支流入的流量，因为流量在每个结点守恒，所以有 $x_1+x_2=20$ 和 $x_4+x_5=x_3+60$. 在类似的网络中，每个结点的流量都可以用一个线性方程组来表示. 网络模型要解决的问题就是：在部分信息已知的情况下，确定每个分支的流量.

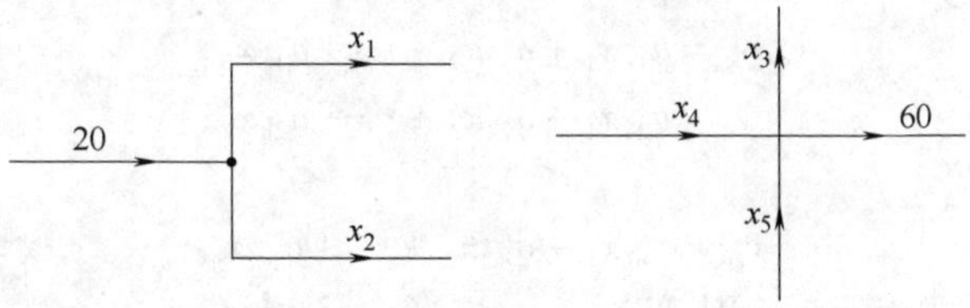

图 1-3

例 1.18 图 1-4 中给出了在下午一点钟某市区一些单行道的交通流量(以每小时的汽车数量来衡量). 试建立网络的流量模型并求解.

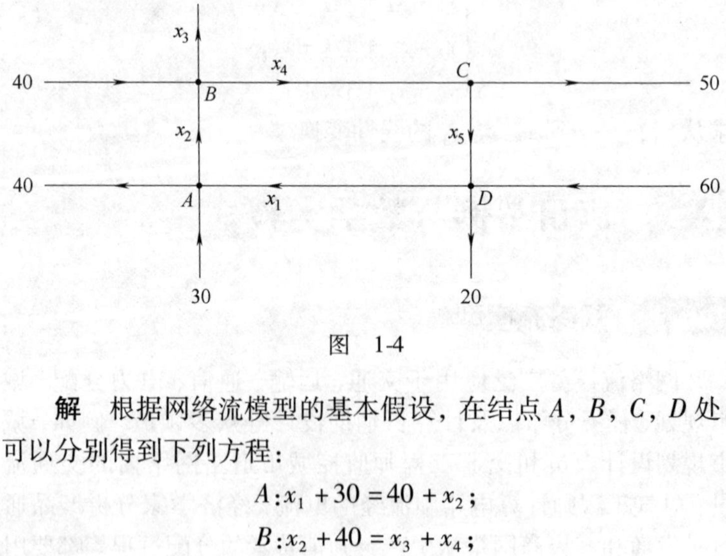

图 1-4

解 根据网络流模型的基本假设，在结点 A，B，C，D 处，可以分别得到下列方程：

$$A: x_1+30=40+x_2;$$

$$B: x_2+40=x_3+x_4;$$

$$C: x_4=50+x_5;$$

$$D: x_5+60=20+x_1.$$

该网络的总流入$(40+60+30=130)$等于网络的总流出

$(40+x_3+50+20=x_3+110)$，即 $130=x_3+110$，得 $x_3=20$. 此网络流的模型为

$$\begin{cases} x_1-x_2 & =10, \\ x_2-x_3-x_4 & =-40, \\ x_4-x_5= & 50, \\ x_1 \quad -x_5= & 40, \\ x_3 & =20, \end{cases}$$

取 $x_5=c$（c 为任意常数），可得

$$x_1=40+c,\ x_2=30+c,\ x_3=20,\ x_4=50+c,\ x_5=c.$$

因此，为了唯一确定未知量，只需要增添 x_5 的统计值.

1.5.2　投入产出模型

投入产出模型是美国经济学家瓦西里 · 列昂剔夫于 20 世纪 30 年代首先提出的. 其基本思想是：假设国家的经济系统划分为能够生产产品或提供服务的 n 个部门，令 $\boldsymbol{x}\in\mathbf{R}^n$ 是**产出向量**，它表示各部门的年产量. 另外，假设经济体系中还有仅仅消耗产品和服务的部门，令 $\boldsymbol{d}$ 是**最终需求量**，它表示非生产性部门对各部门产品和服务的需求. 当然各生产部门在生产过程中还需要消耗产品或者服务，记为**中间需求**. 列昂剔夫提出一个基本假设：产出 = 需求，即

$$\{产量\ \boldsymbol{x}\}=\{中间需求\}+\{最终需求\ \boldsymbol{d}\}. \tag{1-7}$$

例 1.19　假设经济体系中包含了三个部门：制造业、农业和服务业，其消耗向量分别为 $\boldsymbol{c}_1$，$\boldsymbol{c}_2$，$\boldsymbol{c}_3$，如表 1-3 所示，

表 1-3

购买来自	单位产出所消耗的投入		
	制造业（$\boldsymbol{c}_1$）	农业（$\boldsymbol{c}_2$）	服务业（$\boldsymbol{c}_3$）
制造业	0.5	0.5	0.3
农业	0.3	0.3	0.1
服务业	0.1	0.1	0.3

若制造业决定生产 x_1 单位的产品，则 $x_1\boldsymbol{c}_1$ 表示它的中间需求. 同样地，以 x_2，x_3 分别表示农业和服务业的生产计划，则 $x_2\boldsymbol{c}_2$，$x_3\boldsymbol{c}_3$ 分别表示它们的中间需求. 三个部门的总中间需求为

$$\{中间需求\}=x_1\boldsymbol{c}_1+x_2\boldsymbol{c}+x_3\boldsymbol{c}_3=\boldsymbol{Cx},$$

其中，$\boldsymbol{C}=(\boldsymbol{c}_1,\boldsymbol{c}_2,\boldsymbol{c}_3)$ 称为**消耗矩阵**，即

$$C=\begin{pmatrix}0.5 & 0.5 & 0.3\\ 0.3 & 0.3 & 0.1\\ 0.1 & 0.1 & 0.3\end{pmatrix},$$

则由式(1-7)得

$$\boldsymbol{x}=\boldsymbol{C}\boldsymbol{x}+\boldsymbol{d},$$

若 $\boldsymbol{E}-\boldsymbol{C}$ 可逆，则 $\boldsymbol{x}=(\boldsymbol{E}-\boldsymbol{C})^{-1}\boldsymbol{d}$. 假设最终需求 $\boldsymbol{d}=\begin{pmatrix}50\\30\\20\end{pmatrix}$，则对以下增广矩阵用初等行变换进行化简

$$(\boldsymbol{E}-\boldsymbol{C},\boldsymbol{d})=\begin{pmatrix}0.5 & -0.5 & -0.3 & 50\\ -0.3 & 0.7 & -0.1 & 30\\ -0.1 & -0.1 & 0.7 & 20\end{pmatrix}\overset{r}{\sim}\begin{pmatrix}1 & 0 & 0 & 406\\ 0 & 1 & 0 & 234\\ 0 & 0 & 1 & 120\end{pmatrix},$$

从而可得，制造业、农业、服务业的生产计划分别是406，234，120单位.

1.5.3 数学实验

1. 相关命令

在 MATLAB 中的关于矩阵的计算的相关命令：

命令 A ± B 表示两个同型矩阵 $\boldsymbol{A}$ 与 $\boldsymbol{B}$ 相加(减)；

命令 $k*A$ 表示将数 k 与矩阵 $\boldsymbol{A}$ 作乘法；

命令 A * B 表示矩阵 $\boldsymbol{A}$ 与 $\boldsymbol{B}$ 的乘积；

命令 A \ B 表示矩阵的左除，即计算 $\boldsymbol{A}^{-1}\boldsymbol{B}$；

命令 A/B 表示矩阵的右除，即计算 $\boldsymbol{A}\boldsymbol{B}^{-1}$；

命令 A^n 计算方阵 $\boldsymbol{A}$ 的 n 次幂；

命令 inv(A)或者 A^(-1)用来计算方阵 $\boldsymbol{A}$ 的逆矩阵；

命令 transpose(A)或者 A′用来计算矩阵 $\boldsymbol{A}$ 的转置.

在 MATLAB 中，还有一些函数用来生成特殊矩阵：

命令 zeros(m, n)生成 m 行 n 列的零矩阵；

命令 eye(n)生成 n 阶方阵；

命令 rand(m, n)生成 m 行 n 列的随机矩阵.

2. 实验举例

例 1.20 设 $\boldsymbol{A}=\begin{pmatrix}1 & 1\\ 1 & 1\end{pmatrix}$，$\boldsymbol{B}=\begin{pmatrix}2 & -1\\ 1 & 0\end{pmatrix}$，计算(1) $2\boldsymbol{A}-\boldsymbol{B}$，(2) $\boldsymbol{A}*\boldsymbol{B}$，(3) $\boldsymbol{A}^3$.

解　在命令窗口输入

```
命令行窗口
>> A=[1 1;1 1];B=[2 -1;1 0];
fx >> ans1=2*A-B, ans2=A*B, ans3=A^3
```

运行结果如下：

```
命令行窗口
>> A=[1 1;1 1];B=[2 -1;1 0];
>> ans1=2*A-B, ans2=A*B, ans3=A^3

ans1 =

     0     3
     1     2


ans2 =

     3    -1
     3    -1


ans3 =

     4     4
     4     4
```

例 1.21　设 $\boldsymbol{A}=\begin{pmatrix}1 & 2 & 3 & 4\\ 3 & 4 & 5 & 6\\ 5 & 6 & 7 & 8\end{pmatrix}$，求 $\boldsymbol{A}^{\mathrm{T}}$.

解　在命令窗口中输入

```
命令行窗口
>> A=[1,2,3,4;3,4,5,6;5,6,7,8];
>> transpose(A),A'
```

运行结果如下：

```
命令行窗口
>> A=[1,2,3,4;3,4,5,6;5,6,7,8];
>> transpose(A),A'

ans =

     1     3     5
     2     4     6
     3     5     7
     4     6     8


ans =

     1     3     5
     2     4     6
     3     5     7
     4     6     8
```

例 1.22 设 $\boldsymbol{A}=\begin{pmatrix}1 & -1 & 0\\ -1 & 0 & 1\\ 2 & -2 & 1\end{pmatrix}$, 求 $\boldsymbol{A}^{-1}$.

解 在命令窗口中输入

```
命令行窗口
fx >>  A=[1 -1 0;-1 0 1;2 -2 1];inv(A)
```

运行结果如下：

```
命令行窗口
>>  A=[1 -1 0;-1 0 1;2 -2 1];inv(A)

ans =

    -2    -1     1
    -3    -1     1
    -2     0     1
```

例 1.23 网络流模型

在前述网络流模型中，也可以利用 MATLAB 来计算求解. 由于命令不止一条，我们选择在 M 文件中编写命令如下：

```
xianli1_52.m
-   C=[0.5,0.5,0.3;0.3,0.3,0.1;0.1,0.1,0.3];
-   E=eye(3);
-   d=[50,30,20];
-   X=inv(E-C)*d'
```

运行得到如下结果：

```
>> xianli1_52

X =

  406.0000
  234.0000
  120.0000
```

结果表明，制造业、农业、服务业的生产计划分别是 406，234，120 单位.

总习题 1

1. 填空题.

（1）若 $\begin{pmatrix}1 & x\\ y+1 & 1\end{pmatrix}=\begin{pmatrix}1 & 2y-1\\ x & 1\end{pmatrix}$, 则 $x=$__________,

$y=$____________;

(2) 若 $\boldsymbol{A}$ 是 3×4 的矩阵，$\boldsymbol{B}$ 是 4×2 的矩阵，则 $\boldsymbol{AB}$ 是__________的矩阵；

(3) 若$\begin{pmatrix} 2 & 1 \\ a-1 & 2 \end{pmatrix}$是对称矩阵，则 $a=$__________；若$\begin{pmatrix} c & 1 \\ b-1 & c \end{pmatrix}$是反对称矩阵，则 $b=$__________，$c=$__________；

(4) 若 $\boldsymbol{A}^{-1}=\begin{pmatrix} 3 & 5 \\ 2 & 4 \end{pmatrix}$，$\boldsymbol{B}^{-1}=\begin{pmatrix} 1 & 1 \\ 2 & 0 \end{pmatrix}$，则 $(\boldsymbol{AB})^{-1}=$__________；

(5) 已知 $\boldsymbol{A}=\begin{pmatrix} 1 & 0 \\ 1 & 1 \end{pmatrix}$，则 $(\boldsymbol{A}^{\mathrm{T}})^{-1}=$__________.

2. 将下列矩阵化为行最简形矩阵.

(1) $\begin{pmatrix} 1 & 0 & -1 \\ -2 & 1 & 3 \\ 3 & -1 & 2 \end{pmatrix}$；　(2) $\begin{pmatrix} 1 & 1 & 2 & 1 \\ 2 & -1 & 2 & 4 \\ 1 & -2 & 0 & 3 \\ 4 & 1 & 4 & 2 \end{pmatrix}$.

3. 求下列矩阵的逆矩阵.

(1) $\begin{pmatrix} 1 & 2 & 3 \\ 2 & 1 & 2 \\ 1 & 3 & 3 \end{pmatrix}$；　(2) $\begin{pmatrix} 0 & 0 & -1 & -2 \\ 0 & -3 & 1 & 4 \\ 2 & 7 & 6 & 1 \\ 1 & 2 & 3 & 1 \end{pmatrix}$；

(3) $\begin{pmatrix} 1 & 2 & 0 & 0 \\ 0 & 1 & 2 & 0 \\ 0 & 0 & 1 & 2 \\ 0 & 0 & 0 & 1 \end{pmatrix}$.

4. 解下列矩阵方程.

(1) $\begin{pmatrix} 2 & 5 \\ 1 & 3 \end{pmatrix}\boldsymbol{X}=\begin{pmatrix} 1 & 2 \\ 3 & 4 \end{pmatrix}$；

(2) $\begin{pmatrix}2&1&1\\1&1&3\\1&1&1\end{pmatrix}+\begin{pmatrix}1&0&0\\2&1&0\\3&1&1\end{pmatrix}\boldsymbol{X}=2\begin{pmatrix}2&5&6\\2&3&2\\3&1&1\end{pmatrix}$.

5. 设 $\boldsymbol{A}=\begin{pmatrix}2&5\\-3&1\end{pmatrix}$, $\boldsymbol{B}=\begin{pmatrix}4&-5\\3&k\end{pmatrix}$, 确定 k 的值, 使得$\boldsymbol{AB}=\boldsymbol{BA}$.

6. 设方阵 $\boldsymbol{A}$ 满足 $\boldsymbol{A}^2-3\boldsymbol{A}-5\boldsymbol{E}=\boldsymbol{O}$, 证明: $\boldsymbol{A}+\boldsymbol{E}$ 可逆, 并求其逆.

第2章 线性方程组及向量组的线性相关性

向量与线性方程组是线性代数的核心内容，本章将借助线性方程组介绍向量组的线性相关性、最大无关组、向量组的秩等概念及其性质，并进一步利用这些理论研究线性方程组解的结构，最后给出向量空间的概念.

2.1 n 维向量及其运算

在高等数学中，我们学习过二维、三维空间中的向量及向量的加法、减法、数乘等运算. 现在我们将其推广至 n 维向量的情况.

2.1.1 n 维向量的概念

定义 2.1 n 个有次序的数 $a_1, a_2, \cdots, a_n$ 所组成的数组称为 n **维向量**. $a_1, a_2, \cdots, a_n$ 称为该向量的 n 个**分量**，第 i 个数 a_i 称为向量的第 i 个分量.

n 维向量包括 n **维行向量**

$$(a_1, a_2, \cdots, a_n)$$

和 n **维列向量**

$$\begin{pmatrix} a_1 \\ a_2 \\ \vdots \\ a_n \end{pmatrix}.$$

我们将全体 n 维向量记作 $\mathbf{R}^n$.

行向量和列向量总被看成两个不同的向量. 本书所讨论的向量在没有指明是行向量还是列向量时，都是列向量. 列向量用黑体小写字母 $\boldsymbol{a}, \boldsymbol{b}, \boldsymbol{\alpha}, \boldsymbol{\beta}$ 等表示，行向量则用 $\boldsymbol{a}^{\mathrm{T}}, \boldsymbol{b}^{\mathrm{T}}, \boldsymbol{\alpha}^{\mathrm{T}}, \boldsymbol{\beta}^{\mathrm{T}}$ 表示.

分量全为实数的向量称为**实向量**，有一个分量为复数的向量称为**复向量**. 本书若无特别说明，所讨论的向量都为实向量.

在解析几何中，一个二维向量可与平面直角坐标系中的一条有向线段(向径)或一个点相对应，一个三维向量与空面直角坐标系中的一条有向线段(向径)或一个点相对应. n 维向量可看作是二维向量和三维向量的推广，但 $n>3$ 时没有直观的几何意义.

在这里我们介绍两种特殊的向量：

(1) 分量全为 0 的向量称为 **0 向量**，记作 $\mathbf{0}$；

(2) n 维单位矩阵 $\boldsymbol{E}_n$ 的列向量 $\boldsymbol{e}_1=(1, 0, \cdots, 0)^{\mathrm{T}}$，$\boldsymbol{e}_2=(0, 1, \cdots, 0)^{\mathrm{T}}$，…，$\boldsymbol{e}_n=(0, 0, \cdots, 1)^{\mathrm{T}}$ 称为 **n 维单位坐标向量**.

2.1.2 向量的运算

n 维向量即第 1 章中所讲的 n 行 1 列的矩阵，因此矩阵的加减法、数乘、转置等运算都适用于向量. 这里只简单介绍下面两种运算.

1. 向量的加法

定义 2.2 设 n 维向量 $\boldsymbol{\alpha}=(a_1, a_2, \cdots, a_n)^{\mathrm{T}}$ 和 $\boldsymbol{\beta}=(b_1, b_2, \cdots, b_n)^{\mathrm{T}}$，称向量

$$\boldsymbol{\gamma}=(a_1+b_1, a_2+b_2, \cdots, a_n+b_n)^{\mathrm{T}}$$

为向量 $\boldsymbol{\alpha}$ 和 $\boldsymbol{\beta}$ 的和，记作 $\boldsymbol{\gamma}=\boldsymbol{\alpha}+\boldsymbol{\beta}$，此运算称为**向量的加法**.

将向量 $\boldsymbol{\alpha}$ 的分量改变符号，称为向量 $\boldsymbol{\alpha}$ 的**负向量**，记为 $-\boldsymbol{\alpha}$. 运算

$$\boldsymbol{\alpha}+(-\boldsymbol{\beta})=\boldsymbol{\alpha}-\boldsymbol{\beta}=(a_1-b_1, a_2-b_2, \cdots, a_n-b_n)^{\mathrm{T}}$$

称为向量的**减法**. 显然 $\boldsymbol{\alpha}-\boldsymbol{\alpha}=\mathbf{0}$.

例 2.1 设向量 $\boldsymbol{\alpha}=(1, 2, 3)^{\mathrm{T}}$，$\boldsymbol{\beta}=(1, 1, 1)^{\mathrm{T}}$，求 $\boldsymbol{\alpha}-\boldsymbol{\beta}$.

解 $\boldsymbol{\alpha}-\boldsymbol{\beta}=(1, 2, 3)^{\mathrm{T}}-(1, 1, 1)^{\mathrm{T}}=(0, 1, 2)^{\mathrm{T}}$.

2. 向量的数乘

定义 2.3 设 n 维向量 $\boldsymbol{\alpha}=(a_1, a_2, \cdots, a_n)^{\mathrm{T}}$，$k$ 为任意实数，称向量

$$\boldsymbol{\beta}=(ka_1, ka_2, \cdots, ka_n)^{\mathrm{T}}$$

为实数 k 与向量 $\boldsymbol{\alpha}$ 的**数乘向量**，记作 $\boldsymbol{\beta}=k\boldsymbol{\alpha}$，此运算称为**向量的数乘运算**.

2.1.3　向量的线性表示

定义 2.4　若干个同维数的列向量(行向量)所组成的集合称为**向量组**.

例如：若将矩阵 $\boldsymbol{A}=\begin{pmatrix} a_{11} & a_{12} & a_{13} \\ a_{21} & a_{22} & a_{23} \\ a_{31} & a_{32} & a_{33} \end{pmatrix}$ 的每一列看成一个三维列向量，即 $\boldsymbol{\alpha}_1=\begin{pmatrix} a_{11} \\ a_{21} \\ a_{31} \end{pmatrix}$，$\boldsymbol{\alpha}_2=\begin{pmatrix} a_{12} \\ a_{22} \\ a_{32} \end{pmatrix}$，$\boldsymbol{\alpha}_3=\begin{pmatrix} a_{13} \\ a_{23} \\ a_{33} \end{pmatrix}$，则矩阵 $\boldsymbol{A}$ 对应一个列向量组：$\boldsymbol{\alpha}_1$，$\boldsymbol{\alpha}_2$，$\boldsymbol{\alpha}_3$. 我们也可以将矩阵 $\boldsymbol{A}$ 的每一行看成一个三维行向量，则矩阵 $\boldsymbol{A}$ 也对应一个行向量组. 反之，一个含有限个列(行)向量的向量组也可以构成一个矩阵. 这样，含有限个向量的有序向量组和矩阵之间建立了一一对应关系. 对矩阵的研究可以借助向量组的讨论，对向量组的研究也可以借助矩阵来进行.

在平面解析几何中，设有两个非零向量 $\boldsymbol{\alpha}_1$ 和 $\boldsymbol{\alpha}_2$. 如果它们共线(即平行)，则存在常数 k，使得 $\boldsymbol{\alpha}_2=k\boldsymbol{\alpha}_1$；如果它们不共线，则对于任一向量 $\boldsymbol{\alpha}_3$，根据平行四边形法则，必存在两个常数 k_1，k_2，使得 $\boldsymbol{\alpha}_3=k_1\boldsymbol{\alpha}_1+k_2\boldsymbol{\alpha}_2$(见图 2-1).

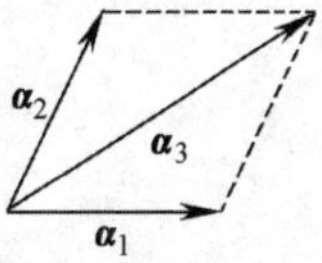

图　2-1

对于向量间的关系 $\boldsymbol{\alpha}_2=k\boldsymbol{\alpha}_1$ 或 $\boldsymbol{\alpha}_3=k_1\boldsymbol{\alpha}_1+k_2\boldsymbol{\alpha}_2$，我们分别称 $\boldsymbol{\alpha}_2$ 可由 $\boldsymbol{\alpha}_1$ 线性表示或 $\boldsymbol{\alpha}_3$ 可由 $\boldsymbol{\alpha}_1$ 和 $\boldsymbol{\alpha}_2$ 线性表示. 一般地，有如下定义：

定义 2.5　给定向量组 A：$\boldsymbol{\alpha}_1$，$\boldsymbol{\alpha}_2$，…，$\boldsymbol{\alpha}_m$，对于任意一组实数 k_1，k_2，…，k_m，表达式

$$k_1\boldsymbol{\alpha}_1+k_2\boldsymbol{\alpha}_2+\cdots+k_m\boldsymbol{\alpha}_m$$

称为向量组 A 的一个**线性组合**，k_1，k_2，…，k_m 称为**线性组合的系数**.

对任一向量 $\boldsymbol{b}$，若存在一组实数 k_1，k_2，…，k_m 使得

$$\boldsymbol{b}=k_1\boldsymbol{\alpha}_1+k_2\boldsymbol{\alpha}_2+\cdots+k_m\boldsymbol{\alpha}_m,$$

则向量 $\boldsymbol{b}$ 是向量组 A 的线性组合，这时称向量 $\boldsymbol{b}$ 能由向量组 A **线性表示**.

根据上述定义有以下结论成立：

1) $\boldsymbol{0}$ 向量可以由任一向量组 $\boldsymbol{\alpha}_1$，$\boldsymbol{\alpha}_2$，…，$\boldsymbol{\alpha}_m$ 线性表示，

因为 $\mathbf{0}=0\boldsymbol{\alpha}_1+0\boldsymbol{\alpha}_2+\cdots+0\boldsymbol{\alpha}_m$.

2）向量组 A：$\boldsymbol{\alpha}_1$，$\boldsymbol{\alpha}_2$，…，$\boldsymbol{\alpha}_m$ 中任一向量都能由向量组 A 线性表示，因为 $\boldsymbol{\alpha}_i=0\boldsymbol{\alpha}_1+\cdots+\boldsymbol{\alpha}_i+\cdots+0\boldsymbol{\alpha}_m$.

3）任一 n 维向量 $\boldsymbol{b}=(b_1, b_2, \cdots, b_n)^{\mathrm{T}}$ 可由 n 维单位向量组：$\boldsymbol{e}_1$，$\boldsymbol{e}_2$，…，$\boldsymbol{e}_n$ 线性表示，且 $\boldsymbol{b}=b_1\boldsymbol{e}_1+b_2\boldsymbol{e}_2+\cdots+b_n\boldsymbol{e}_n$.

例如，设 $\boldsymbol{e}_1=(1, 0, 0)^{\mathrm{T}}$，$\boldsymbol{e}_2=(0, 1, 0)^{\mathrm{T}}$，$\boldsymbol{e}_3=(0, 0, 1)^{\mathrm{T}}$，$\boldsymbol{b}=(2, 3, 1)^{\mathrm{T}}$. 则 $\boldsymbol{b}=2\boldsymbol{e}_1+3\boldsymbol{e}_2+\boldsymbol{e}_3$，故 $\boldsymbol{b}$ 可由 $\boldsymbol{e}_1$，$\boldsymbol{e}_2$，$\boldsymbol{e}_3$ 线性表示.

在第一章中，我们已经初步讨论过线性方程组的求解，并且已介绍过线性方程组的四种表示方法. 例如线性方程组

$$(1)\begin{cases} x_1+2x_2+3x_3=6, \\ 2x_1+3x_2+4x_3=9 \end{cases}$$

还可以表示为如下形式：

(2) 增广矩阵形式 $\begin{pmatrix} 1 & 2 & 3 & 6 \\ 2 & 3 & 4 & 9 \end{pmatrix}$；

(3) 矩阵方程形式 $\begin{pmatrix} 1 & 2 & 3 \\ 2 & 3 & 4 \end{pmatrix}\begin{pmatrix} x_1 \\ x_2 \\ x_3 \end{pmatrix}=\begin{pmatrix} 6 \\ 9 \end{pmatrix}$ $(\boldsymbol{Ax}=\boldsymbol{b})$；

(4) 向量组合形式 $x_1\begin{pmatrix} 1 \\ 2 \end{pmatrix}+x_2\begin{pmatrix} 2 \\ 3 \end{pmatrix}+x_3\begin{pmatrix} 3 \\ 4 \end{pmatrix}=\begin{pmatrix} 6 \\ 9 \end{pmatrix}$.

比较(3)和(4)可知，线性方程组 $\boldsymbol{Ax}=\boldsymbol{b}$ 的解即为向量 $\boldsymbol{b}$ 由系数矩阵 $\boldsymbol{A}$ 的列向量组来线性表示的系数. 因此向量由向量组线性表示可以转换为线性方程组 $\boldsymbol{Ax}=\boldsymbol{b}$ 的求解问题.

定理 2.1 **向量 $\boldsymbol{b}$ 能由向量组 A：$\boldsymbol{\alpha}_1$，$\boldsymbol{\alpha}_2$，…，$\boldsymbol{\alpha}_m$ 线性表示的充分必要条件是线性方程组 $(\boldsymbol{\alpha}_1, \boldsymbol{\alpha}_2, \cdots, \boldsymbol{\alpha}_m)\boldsymbol{x}=\boldsymbol{b}$ 有解.**

这里，若线性方程组 $(\boldsymbol{\alpha}_1, \boldsymbol{\alpha}_2, \cdots, \boldsymbol{\alpha}_m)\boldsymbol{x}=\boldsymbol{b}$ 有解，则向量 $\boldsymbol{b}$ 能由向量组 $\boldsymbol{A}$ 线性表示，且方程组 $(\boldsymbol{\alpha}_1, \boldsymbol{\alpha}_2, \cdots, \boldsymbol{\alpha}_m)\boldsymbol{x}=\boldsymbol{b}$ 的解即为线性表示的系数.

例 2.2 判断向量 $\boldsymbol{b}=(4, 3, 0, 11)^{\mathrm{T}}$ 能否由向量 $\boldsymbol{\alpha}_1=(1, 2, -1, 5)^{\mathrm{T}}$ 和 $\boldsymbol{\alpha}_2=(2, -1, 1, 1)^{\mathrm{T}}$ 线性表示.

解 由定理 2.1 知，$\boldsymbol{b}$ 能否由向量组 $\boldsymbol{\alpha}_1$，$\boldsymbol{\alpha}_2$ 线性表示等

价于线性方程组$(\boldsymbol{\alpha}_1, \boldsymbol{\alpha}_2)\boldsymbol{x}=\boldsymbol{b}$是否有解. 先利用初等行变换将矩阵$(\boldsymbol{\alpha}_1, \boldsymbol{\alpha}_2, \boldsymbol{b})$化为行阶梯形矩阵

$$\begin{pmatrix}1&2&4\\2&-1&3\\-1&1&0\\5&1&11\end{pmatrix}\overset{\substack{r_2-2r_1\\r_3+r_1}}{\underset{r_4-5r_1}{\sim}}\begin{pmatrix}1&2&4\\0&-5&-5\\0&3&4\\0&-9&-9\end{pmatrix}\overset{r_2\times\left(-\frac{1}{5}\right)}{\underset{r_4\times\left(-\frac{1}{9}\right)}{\sim}}\begin{pmatrix}1&2&4\\0&1&1\\0&3&4\\0&1&1\end{pmatrix}$$

$$\overset{r_3-3r_2}{\underset{r_4-r_2}{\sim}}\begin{pmatrix}1&2&4\\0&1&1\\0&0&1\\0&0&0\end{pmatrix},$$

该行阶梯形矩阵第三行对应的方程是$0=1$，故该方程组无解，因此向量$\boldsymbol{b}$不能由向量组$\boldsymbol{\alpha}_1$，$\boldsymbol{\alpha}_2$线性表示.

定义 2.6　给定向量组A和向量组B，若

(1) 向量组A中的任何一个向量都可以由向量组B来线性表示；

(2) 向量组B中的任何一个向量都可以由向量组A来线性表示，

则称**向量组A和向量组B等价**.

不难验证，两个向量组等价满足等价关系的三个性质：自反性、对称性和传递性.

若对矩阵$\boldsymbol{A}$进行一次初等行变换变成矩阵$\boldsymbol{B}$，则矩阵$\boldsymbol{B}$的每个行向量都能由$\boldsymbol{A}$的行向量组线性表示. 由于初等行变换可逆，所以矩阵$\boldsymbol{B}$也可以经过一次初等行变换变成矩阵$\boldsymbol{A}$，则矩阵$\boldsymbol{A}$的每个行向量都能由$\boldsymbol{B}$的行向量组线性表示. 故矩阵$\boldsymbol{A}$的行向量组和矩阵$\boldsymbol{B}$的行向量组等价. 一般地，有下列定理成立.

定理 2.2　**若矩阵$\boldsymbol{A}$进行有限次的初等行变换变成矩阵$\boldsymbol{B}$，即$\boldsymbol{A}\overset{r}{\sim}\boldsymbol{B}$，则矩阵$\boldsymbol{A}$的行向量组和矩阵$\boldsymbol{B}$的行向量组等价.**

证明略.

类似可知，若$\boldsymbol{A}\overset{c}{\sim}\boldsymbol{B}$，则矩阵$\boldsymbol{A}$的列向量组和矩阵$\boldsymbol{B}$的列向量组等价.

例 2.3　设$\boldsymbol{\alpha}_1=(1, 0)^{\mathrm{T}}$，$\boldsymbol{\alpha}_2(1, 1)^{\mathrm{T}}$，$\boldsymbol{\alpha}_3=(2, 1)^{\mathrm{T}}$. 判断向量组$\boldsymbol{\alpha}_1, \boldsymbol{\alpha}_2, \boldsymbol{\alpha}_3$与向量$\boldsymbol{\alpha}_1, \boldsymbol{\alpha}_2$是否等价？

解　由于$\boldsymbol{\alpha}_3=\boldsymbol{\alpha}_1+\boldsymbol{\alpha}_2$，故向量组$\boldsymbol{\alpha}_1$，$\boldsymbol{\alpha}_2$，$\boldsymbol{\alpha}_3$和向量组$\boldsymbol{\alpha}_1$，$\boldsymbol{\alpha}_2$等价.

思考题　$\mathbf{0}$向量是否唯一?

习题2.1

1. 已知向量

$$\boldsymbol{\alpha}_1=\begin{pmatrix}1\\3\\7\end{pmatrix},\ \boldsymbol{\alpha}_2=\begin{pmatrix}2\\3\\5\end{pmatrix},\ \boldsymbol{\alpha}_3=\begin{pmatrix}4\\3\\2\end{pmatrix},$$

求：(1) $\boldsymbol{\alpha}_1+3\boldsymbol{\alpha}_2+5\boldsymbol{\alpha}_3$；(2) $2\boldsymbol{\alpha}_1-4\boldsymbol{\alpha}_2+6\boldsymbol{\alpha}_3$.

2. 设$\boldsymbol{\alpha}=(1,\ 3,\ 2,\ 4)^{\mathrm{T}}$，$\boldsymbol{\beta}=(-2,\ -3,\ 1,\ 5)^{\mathrm{T}}$，若$2\boldsymbol{\alpha}+\boldsymbol{\gamma}=\boldsymbol{\beta}$，求$\boldsymbol{\gamma}$.

3. 判断向量$\boldsymbol{\beta}=(1,\ 1,\ 1)^{\mathrm{T}}$能否由下列向量组来线性表示，若能请表示出来.

(1) $\boldsymbol{\alpha}_1=(2,\ 3,\ 0)^{\mathrm{T}}$，$\boldsymbol{\alpha}_2=(1,\ -1,\ 0)^{\mathrm{T}}$，$\boldsymbol{\alpha}_3=(7,\ 5,\ 0)^{\mathrm{T}}$；

(2) $\boldsymbol{\alpha}_1=(1,\ 2,\ 0)^{\mathrm{T}}$，$\boldsymbol{\alpha}_2=(2,\ 3,\ 1)^{\mathrm{T}}$，$\boldsymbol{\alpha}_3=(0,\ 0,\ 1)^{\mathrm{T}}$.

2.2 向量组的线性相关性

2.2.1 线性相关的概念

在定义2.5中若取向量$\boldsymbol{b}$为$\mathbf{0}$向量，则可得向量组线性相关的概念.

定义2.7　给定向量组A：$\boldsymbol{\alpha}_1$，$\boldsymbol{\alpha}_2$，…，$\boldsymbol{\alpha}_m$，若存在一组不全为零的实数k_1，k_2，…，k_m使得

$$k_1\boldsymbol{\alpha}_1+k_2\boldsymbol{\alpha}_2+\cdots+k_m\boldsymbol{\alpha}_m=\mathbf{0},$$

则称向量组A：$\boldsymbol{\alpha}_1$，$\boldsymbol{\alpha}_2$，…，$\boldsymbol{\alpha}_m$**线性相关**. 否则称它**线性无关**.

由上述定义可得证明向量组线性无关的方法：

先设$k_1\boldsymbol{\alpha}_1+k_2\boldsymbol{\alpha}_2+\cdots+k_m\boldsymbol{\alpha}_m=\mathbf{0}$，再证明$k_1=k_2=\cdots=k_m=0$，即得向量组线性无关的结论.

由定义2.7及定理2.1易得

定理2.3　**1) 向量组$\boldsymbol{\alpha}_1$，$\boldsymbol{\alpha}_2$，…，$\boldsymbol{\alpha}_m$线性相关的充分必要条件是齐次线性方程组$(\boldsymbol{\alpha}_1,\ \boldsymbol{\alpha}_2,\ \cdots,\ \boldsymbol{\alpha}_m)\boldsymbol{x}=\mathbf{0}$有非零解**

(x_i 不全为 0 的解);

2) 向量组 $\boldsymbol{\alpha}_1, \boldsymbol{\alpha}_2, \cdots, \boldsymbol{\alpha}_m$ 线性无关的充分必要条件是齐次线性方程组 $(\boldsymbol{\alpha}_1, \boldsymbol{\alpha}_2, \cdots, \boldsymbol{\alpha}_m)\boldsymbol{x}=\boldsymbol{0}$ 只有零解(x_i 都等于 0 的解).

例 2.4 判断三维单位向量组 $\boldsymbol{e}_1=(1, 0, 0)^{\mathrm{T}}$, $\boldsymbol{e}_2=(0, 1, 0)^{\mathrm{T}}$, $\boldsymbol{e}_3=(0, 0, 1)^{\mathrm{T}}$ 的线性相关性.

解 由于齐次线性方程组 $(\boldsymbol{e}_1, \boldsymbol{e}_2, \boldsymbol{e}_3)\boldsymbol{x}=\boldsymbol{0}$ 只有零解, 因此 $\boldsymbol{e}_1, \boldsymbol{e}_2, \boldsymbol{e}_3$ 线性无关.

注 给定一个向量组, 要么线性相关, 要么线性无关.

2.2.2 向量组线性相关的有关定理

由向量组线性相关的定义易得下列结论:

1) 含有 **0** 向量的向量组一定线性相关.

2) 若向量组只含有一个向量 $\boldsymbol{\alpha}$, 若 $\boldsymbol{\alpha}=\boldsymbol{0}$, 则 $\boldsymbol{\alpha}$ 线性相关, 否则线性无关.

3) 两个非零向量 $\boldsymbol{\alpha}_1, \boldsymbol{\alpha}_2$ 线性相关当且仅当 $\boldsymbol{\alpha}_2=k\boldsymbol{\alpha}_1$(即对应分量成比例), k 为常数.

定理 2.4 **若向量组 A: $\boldsymbol{\alpha}_1, \boldsymbol{\alpha}_2, \cdots, \boldsymbol{\alpha}_m$ 线性相关, 则向量组 B: $\boldsymbol{\alpha}_1, \boldsymbol{\alpha}_2, \cdots, \boldsymbol{\alpha}_m, \boldsymbol{\alpha}_{m+1}$ 也线性相关.**

证明略.

此定理的逆否命题也成立, 即若向量组 B: $\boldsymbol{\alpha}_1, \boldsymbol{\alpha}_2, \cdots, \boldsymbol{\alpha}_m, \boldsymbol{\alpha}_{m+1}$ 线性无关, 则向量组 A: $\boldsymbol{\alpha}_1, \boldsymbol{\alpha}_2, \cdots, \boldsymbol{\alpha}_m$ 也线性无关.

简言之, 向量组部分相关, 则整体相关; 整体无关, 则部分无关.

定理 2.5 **n 个 m 维向量组成的向量组, 当维数 m 小于向量个数 n 时一定线性相关. 特别地, $n+1$ 个 n 维向量一定线性相关.**

证明 设 n 个 m 维向量组成的向量组为 A: $\boldsymbol{\alpha}_1, \boldsymbol{\alpha}_2, \cdots, \boldsymbol{\alpha}_n$. 由于线性方程组

$$(\boldsymbol{\alpha}_1, \boldsymbol{\alpha}_2, \cdots, \boldsymbol{\alpha}_n)\boldsymbol{x}=\begin{pmatrix} a_{11} & a_{12} & \cdots & a_{1n} \\ a_{21} & a_{22} & \cdots & a_{2n} \\ \vdots & \vdots & & \vdots \\ a_{m1} & a_{m2} & \cdots & a_{mn} \end{pmatrix}\begin{pmatrix} x_1 \\ x_2 \\ \vdots \\ x_n \end{pmatrix}=\boldsymbol{0}$$

中含有 n 个未知量 m 个方程，而未知量的个数 n 多于方程的个数 m，故方程组的解中必含有自由未知量，即该方程组必有非零解. 根据定理2.3知，向量组 A：$\boldsymbol{\alpha}_1, \boldsymbol{\alpha}_2, \cdots, \boldsymbol{\alpha}_n$ 线性相关.

定理 2.6 **设向量组 A：$\boldsymbol{\alpha}_1, \boldsymbol{\alpha}_2, \cdots, \boldsymbol{\alpha}_m$ 线性无关，而向量组 B：$\boldsymbol{\alpha}_1, \boldsymbol{\alpha}_2, \cdots, \boldsymbol{\alpha}_m, \boldsymbol{b}$ 线性相关，则向量 $\boldsymbol{b}$ 必能由向量组 A 线性表示，且表示式是唯一的.**

证明 由于向量组 $\boldsymbol{\alpha}_1, \boldsymbol{\alpha}_2, \cdots, \boldsymbol{\alpha}_m, \boldsymbol{b}$ 线性相关，故存在一组不全为零的实数 $k_1, k_2, \cdots, k_m, k$，使得

$$k_1\boldsymbol{\alpha}_1 + k_2\boldsymbol{\alpha}_2 + \cdots + k_m\boldsymbol{\alpha}_m + k\boldsymbol{b} = \boldsymbol{0},$$

因为 $\boldsymbol{\alpha}_1, \boldsymbol{\alpha}_2, \cdots, \boldsymbol{\alpha}_m$ 线性无关，所以 $k \neq 0$. 于是

$$\boldsymbol{b} = -\frac{k_1}{k}\boldsymbol{\alpha}_1 - \frac{k_2}{k}\boldsymbol{\alpha}_2 - \cdots - \frac{k_m}{k}\boldsymbol{\alpha}_m.$$

即向量 $\boldsymbol{b}$ 能由向量组 A 线性表示.

下证表示式唯一.

若 $\boldsymbol{b} = p_1\boldsymbol{\alpha}_1 + p_2\boldsymbol{\alpha}_2 + \cdots + p_m\boldsymbol{\alpha}_m$，且 $\boldsymbol{b} = q_1\boldsymbol{\alpha}_1 + q_2\boldsymbol{\alpha}_2 + \cdots + q_m\boldsymbol{\alpha}_m$，则

$$(p_1 - q_1)\boldsymbol{\alpha}_1 + (p_2 - q_2)\boldsymbol{\alpha}_2 + \cdots + (p_m - q_m)\boldsymbol{\alpha}_m = \boldsymbol{0},$$

而 $\boldsymbol{\alpha}_1, \boldsymbol{\alpha}_2, \cdots, \boldsymbol{\alpha}_m$ 线性无关，所以 $p_i = q_i (i = 1, 2, \cdots, m)$，结论得证.

定理 2.7 **向量组 A：$\boldsymbol{\alpha}_1, \boldsymbol{\alpha}_2, \cdots, \boldsymbol{\alpha}_m (m \geqslant 2)$ 线性相关的充分必要条件是向量组 A 中至少存在一个向量能由其余 $m-1$ 个向量线性表示.**

证明 先证必要性.

设向量组 A：$\boldsymbol{\alpha}_1, \boldsymbol{\alpha}_2, \cdots, \boldsymbol{\alpha}_m$ 线性相关. 故存在一组不全为零的实数 $k_1, k_2, \cdots, k_m$，使得

$$k_1\boldsymbol{\alpha}_1 + k_2\boldsymbol{\alpha}_2 + \cdots + k_m\boldsymbol{\alpha}_m = \boldsymbol{0},$$

不妨设 $k_i \neq 0$，则

$$\boldsymbol{\alpha}_i = -\frac{k_1}{k_i}\boldsymbol{\alpha}_1 - \cdots - \frac{k_{i-1}}{k_i}\boldsymbol{\alpha}_{i-1} - \frac{k_{i+1}}{k_i}\boldsymbol{\alpha}_{i+1} - \cdots - \frac{k_m}{k_i}\boldsymbol{\alpha}_m.$$

再证充分性.

设向量组 A：$\boldsymbol{\alpha}_1, \boldsymbol{\alpha}_2, \cdots, \boldsymbol{\alpha}_m$ 中至少存在一个向量能由其余 $m-1$ 个向量线性表示. 不妨设向量 $\boldsymbol{\alpha}_i$ 能由其余 $m-1$ 个向量线性表示，即存在一组实数 $k_1, k_2, \cdots, k_{i-1}, k_{i+1}, \cdots, k_m$，使得

$$\boldsymbol{\alpha}_i = k_1\boldsymbol{\alpha}_1 + \cdots + k_{i-1}\boldsymbol{\alpha}_{i-1} + k_{i+1}\boldsymbol{\alpha}_{i+1} + \cdots + k_m\boldsymbol{\alpha}_m.$$

于是

$$k_1\boldsymbol{\alpha}_1 + \cdots + k_{i-1}\boldsymbol{\alpha}_{i-1} + k_{i+1}\boldsymbol{\alpha}_{i+1} + \cdots + k_m\boldsymbol{\alpha}_m - \boldsymbol{\alpha}_i = \mathbf{0}.$$

由上式系数不全为零可知，向量组 A：$\boldsymbol{\alpha}_1$，$\boldsymbol{\alpha}_2$，…，$\boldsymbol{\alpha}_m$ 线性相关.

例 2.5　判断下列向量组的线性相关性.

(1) $\boldsymbol{\alpha}_1=(1,0,0)^{\mathrm{T}}$，$\boldsymbol{\alpha}_2=(0,1,0)^{\mathrm{T}}$，$\boldsymbol{\alpha}_3=(3,5,0)^{\mathrm{T}}$，$\boldsymbol{\alpha}_4=(1,3,8)^{\mathrm{T}}$；

(2) $\boldsymbol{\alpha}_1=(1,0,0,0)^{\mathrm{T}}$，$\boldsymbol{\alpha}_2=(0,1,0,0)^{\mathrm{T}}$，$\boldsymbol{\alpha}_3=(3,5,0,0)^{\mathrm{T}}$.

解　(1) 向量组由四个三维向量组成，由定理 2.5 知，$\boldsymbol{\alpha}_1$，$\boldsymbol{\alpha}_2$，$\boldsymbol{\alpha}_3$，$\boldsymbol{\alpha}_4$ 线性相关.

(2) 显然 $\boldsymbol{\alpha}_3=3\boldsymbol{\alpha}_1+5\boldsymbol{\alpha}_2$，由定理 2.7 知，$\boldsymbol{\alpha}_1$，$\boldsymbol{\alpha}_2$，$\boldsymbol{\alpha}_3$ 线性相关.

2.2.3　向量组的最大无关组

例题 2.5 的向量组(2)中，由于向量 $\boldsymbol{\alpha}_1=(1,0,0,0)^{\mathrm{T}}$ 与 $\boldsymbol{\alpha}_2=(0,1,0,0)^{\mathrm{T}}$ 的对应分量不成比例，所以向量组 $\boldsymbol{\alpha}_1$，$\boldsymbol{\alpha}_2$ 线性无关. 而 $\boldsymbol{\alpha}_3$ 可由它们线性表示，这时我们称向量组 $\boldsymbol{\alpha}_1$，$\boldsymbol{\alpha}_2$ 为向量组 $\boldsymbol{\alpha}_1$，$\boldsymbol{\alpha}_2$，$\boldsymbol{\alpha}_3$ 的一个最大线性无关向量组. 一般地，下面我们有如下定义.

定义 2.8　设有向量组 A，如果在 A 中能选出 r 个向量 $\boldsymbol{\alpha}_1$，$\boldsymbol{\alpha}_2$，…，$\boldsymbol{\alpha}_r$，满足

(1) 向量组 A_0：$\boldsymbol{\alpha}_1$，$\boldsymbol{\alpha}_2$，…，$\boldsymbol{\alpha}_r$ 线性无关；

(2) 向量组 A 中任意一个向量都能由向量组 A_0 线性表示；

那么称向量组 A_0 是向量组 A 的一个**最大线性无关向量组**(或称**极大线性无关向量组**)，简称**最大无关组**(或称**极大无关组**). **最大无关组** A_0 中含有的向量的个数 r 称为**向量组 A 的秩**，记为 R_A.

在上述定义中，因为向量组 A 中任意一个向量 $\boldsymbol{\alpha}$ 都能由向量组 $\boldsymbol{\alpha}_1$，$\boldsymbol{\alpha}_2$，…，$\boldsymbol{\alpha}_r$ 线性表示等价于向量组 $\boldsymbol{\alpha}_1$，$\boldsymbol{\alpha}_2$，…，$\boldsymbol{\alpha}_r$，$\boldsymbol{\alpha}$ 线性相关，故向量组的最大无关组有如下等价定义.

定义 2.8′　设有向量组 A，如果在 A 中能选出 r 个向量 $\boldsymbol{\alpha}_1$，$\boldsymbol{\alpha}_2$，…，$\boldsymbol{\alpha}_r$，满足

(1) 向量组 A_0：$\boldsymbol{\alpha}_1$，$\boldsymbol{\alpha}_2$，…，$\boldsymbol{\alpha}_r$ 线性无关；

(2) 向量组 A 中任意 $r+1$ 个(如果存在的话)向量线性相关;

那么称向量组 A_0 是向量组 A 的一个**最大线性无关向量组**,简称**最大无关组**.

特别地,如果向量组 A 线性无关,则其最大无关组就是向量组 A 本身.

根据最大无关组的定义,向量组 A 中的任意一个向量都可以由最大无关组 A_0 线性表示.最大无关组 A_0 是向量组 A 中的一部分向量组成的向量组,因此最大无关组中的任一向量也可以由向量组 A 线性表示.所以向量组 A 和它的最大无关组 A_0 等价.

下面我们通过举例来说明最大线性无关组的求法.

例 2.6 设矩阵

$$\boldsymbol{A}=(\boldsymbol{\alpha}_1,\boldsymbol{\alpha}_2,\boldsymbol{\alpha}_3,\boldsymbol{\alpha}_4,\boldsymbol{\alpha}_5)=\begin{pmatrix}1&1&-2&1&4\\2&3&-3&1&4\\-2&0&6&-3&-14\\1&-2&-5&2&12\end{pmatrix},$$

求矩阵 $\boldsymbol{A}$ 的列向量组的一个最大无关组,并把不属于最大无关组的列向量用最大无关组线性表示出来.

解 第一步,用初等行变换将矩阵 $\boldsymbol{A}$ 化为行阶梯形矩阵

$$\boldsymbol{A}=(\boldsymbol{\alpha}_1,\boldsymbol{\alpha}_2,\boldsymbol{\alpha}_3,\boldsymbol{\alpha}_4,\boldsymbol{\alpha}_5)=\begin{pmatrix}1&1&-2&1&4\\2&3&-3&1&4\\-2&0&6&-3&-14\\1&-2&-5&2&12\end{pmatrix}$$

$$\xrightarrow[r_4-r_1]{\substack{r_2-2r_1\\r_3+2r_1}}\begin{pmatrix}1&1&-2&1&4\\0&1&1&-1&-4\\0&2&2&-1&-6\\0&-3&-3&1&8\end{pmatrix}$$

$$\xrightarrow[r_4+3r_2]{r_3-2r_2}\begin{pmatrix}1&1&-2&1&4\\0&1&1&-1&-4\\0&0&0&1&2\\0&0&0&-2&-4\end{pmatrix}$$

$$\xrightarrow{r_4+2r_3}\begin{pmatrix}1&1&-2&1&4\\0&1&1&-1&-4\\0&0&0&1&2\\0&0&0&0&0\end{pmatrix}.$$

第二步，选取矩阵 $\boldsymbol{A}$ 中与行阶梯形矩阵所有非零行的第一个非零元所在的列(即 1，2，4 列)相对应的那些列 $\boldsymbol{\alpha}_1$，$\boldsymbol{\alpha}_2$，$\boldsymbol{\alpha}_4$ 即为矩阵 $\boldsymbol{A}$ 的列向量组的一个最大无关组.

为了说明向量组 $\boldsymbol{\alpha}_1$，$\boldsymbol{\alpha}_2$，$\boldsymbol{\alpha}_4$ 是矩阵 $\boldsymbol{A}$ 的列向量组的一个最大无关组，我们继续用初等行变换将行阶梯形矩阵化成行最简形矩阵.

$$\begin{pmatrix}1&1&-2&1&4\\0&1&1&-1&-4\\0&0&0&1&2\\0&0&0&0&0\end{pmatrix}\xrightarrow[r_1-r_3]{r_2+r_3}\begin{pmatrix}1&1&-2&0&2\\0&1&1&0&-2\\0&0&0&1&2\\0&0&0&0&0\end{pmatrix}$$

$$\xrightarrow{r_1-r_2}\begin{pmatrix}1&0&-3&0&4\\0&1&1&0&-2\\0&0&0&1&2\\0&0&0&0&0\end{pmatrix}$$

$$=(\boldsymbol{\beta}_1,\boldsymbol{\beta}_2,\boldsymbol{\beta}_3,\boldsymbol{\beta}_4,\boldsymbol{\beta}_5)=\boldsymbol{B}.$$

不妨记矩阵 $\boldsymbol{A}_0=(\boldsymbol{\alpha}_1,\boldsymbol{\alpha}_2,\boldsymbol{\alpha}_4)$和 $\boldsymbol{B}_0=(\boldsymbol{\beta}_1,\boldsymbol{\beta}_2,\boldsymbol{\beta}_4)$，则对矩阵 $\boldsymbol{A}_0=(\boldsymbol{\alpha}_1,\boldsymbol{\alpha}_2,\boldsymbol{\alpha}_4)$依次施行上面的初等行变换可以得到矩阵 $\boldsymbol{B}_0=(\boldsymbol{\beta}_1,\boldsymbol{\beta}_2,\boldsymbol{\beta}_4)$. 因而方程 $\boldsymbol{A}_0\boldsymbol{x}=\boldsymbol{0}$ 与 $\boldsymbol{B}_0\boldsymbol{x}=\boldsymbol{0}$ 同解. 由于 $\boldsymbol{B}_0\boldsymbol{x}=\boldsymbol{0}$ 只有零解，因此 $\boldsymbol{A}_0\boldsymbol{x}=\boldsymbol{0}$ 也只有零解，所以向量组 $\boldsymbol{\alpha}_1$，$\boldsymbol{\alpha}_2$，$\boldsymbol{\alpha}_4$ 线性无关.

由于方程 $\boldsymbol{A}\boldsymbol{x}=\boldsymbol{0}$ 与 $\boldsymbol{B}\boldsymbol{x}=\boldsymbol{0}$ 同解，即方程

$$x_1\boldsymbol{\alpha}_1+x_2\boldsymbol{\alpha}_2+x_3\boldsymbol{\alpha}_3+x_4\boldsymbol{\alpha}_4+x_5\boldsymbol{\alpha}_5=\boldsymbol{0}$$

与

$$x_1\boldsymbol{\beta}_1+x_2\boldsymbol{\beta}_2+x_3\boldsymbol{\beta}_3+x_4\boldsymbol{\beta}_4+x_5\boldsymbol{\beta}_5=\boldsymbol{0}$$

同解. 因此向量 $\boldsymbol{\alpha}_1$，$\boldsymbol{\alpha}_2$，$\boldsymbol{\alpha}_3$，$\boldsymbol{\alpha}_4$，$\boldsymbol{\alpha}_5$ 之间的线性关系和向量 $\boldsymbol{\beta}_1$，$\boldsymbol{\beta}_2$，$\boldsymbol{\beta}_3$，$\boldsymbol{\beta}_4$，$\boldsymbol{\beta}_5$ 之间的线性关系是相同的. 易知

$$\boldsymbol{\beta}_3=-3\boldsymbol{\beta}_1+\boldsymbol{\beta}_2,$$

$$\boldsymbol{\beta}_5=4\boldsymbol{\beta}_1-2\boldsymbol{\beta}_2+2\boldsymbol{\beta}_4,$$

可得

$$\boldsymbol{\alpha}_3=-3\boldsymbol{\alpha}_1+\boldsymbol{\alpha}_2,$$

$$\boldsymbol{\alpha}_5=4\boldsymbol{\alpha}_1-2\boldsymbol{\alpha}_2+2\boldsymbol{\alpha}_4.$$

从而向量组 $\boldsymbol{\alpha}_1$，$\boldsymbol{\alpha}_2$，$\boldsymbol{\alpha}_3$，$\boldsymbol{\alpha}_4$，$\boldsymbol{\alpha}_5$ 中任意一个向量都可以由向量组 $\boldsymbol{\alpha}_1$，$\boldsymbol{\alpha}_2$，$\boldsymbol{\alpha}_4$ 来线性表示.

综上所述，$\boldsymbol{\alpha}_1$，$\boldsymbol{\alpha}_2$，$\boldsymbol{\alpha}_4$ 是向量组 $\boldsymbol{\alpha}_1$，$\boldsymbol{\alpha}_2$，$\boldsymbol{\alpha}_3$，$\boldsymbol{\alpha}_4$，$\boldsymbol{\alpha}_5$ 的一个最大无关组.

本例的解法表明：矩阵的初等行变换不改变矩阵列向量之间的线性相关性和线性关系. 如果矩阵 $A \overset{r}{\sim} B$，且 B 是一个行最简形矩阵，则容易看出行最简形矩阵 B 的各列向量之间的线性关系，从而可得矩阵 A 的各列向量之间的线性关系.

定理 2.8 **（1）向量组 $\boldsymbol{\alpha}_1$，$\boldsymbol{\alpha}_2$，…，$\boldsymbol{\alpha}_m$ 的一个最大无关组即为矩阵 $A=(\boldsymbol{\alpha}_1, \boldsymbol{\alpha}_2, \cdots, \boldsymbol{\alpha}_m)$ 中与 A 的行最简形（或行阶梯形）矩阵中所有非零行的第一个非零元所在的列相对应的那些列；**

（2）向量组 $\boldsymbol{\alpha}_1$，$\boldsymbol{\alpha}_2$，…，$\boldsymbol{\alpha}_m$ 的秩等于矩阵 $(\boldsymbol{\alpha}_1, \boldsymbol{\alpha}_2, \cdots, \boldsymbol{\alpha}_m)$ 的行最简形（或行阶梯形）矩阵中非零行的行数；

（3）对矩阵施行初等行变换不改变其列向量组的秩.

证明略.

例 2.7 给定向量组 $\boldsymbol{\alpha}_1=\begin{pmatrix}1\\1\\1\end{pmatrix}$，$\boldsymbol{\alpha}_2=\begin{pmatrix}0\\2\\5\end{pmatrix}$，$\boldsymbol{\alpha}_3=\begin{pmatrix}2\\4\\7\end{pmatrix}$，求

（1）向量组的秩；

（2）向量组的一个最大无关组；

（3）把不属于最大无关组的向量用最大无关组线性表示出来.

解 将矩阵 $A=(\boldsymbol{\alpha}_1, \boldsymbol{\alpha}_2, \boldsymbol{\alpha}_3)$ 化为行最简形矩阵得，

$$\begin{pmatrix}1&0&2\\1&2&4\\1&5&7\end{pmatrix}\underset{r_3-r_1}{\overset{r_2-r_1}{\sim}}\begin{pmatrix}1&0&2\\0&2&2\\0&5&5\end{pmatrix}\underset{r_3\times\left(\frac{1}{5}\right)}{\overset{r_2\times\left(\frac{1}{2}\right)}{\sim}}\begin{pmatrix}1&0&2\\0&1&1\\0&1&1\end{pmatrix}\overset{r_3-r_2}{\sim}\begin{pmatrix}1&0&2\\0&1&1\\0&0&0\end{pmatrix},$$

由定理 2.8 知，$R_A=2$，$\boldsymbol{\alpha}_1$，$\boldsymbol{\alpha}_2$ 为向量组 $\boldsymbol{\alpha}_1$，$\boldsymbol{\alpha}_2$，$\boldsymbol{\alpha}_3$ 的一个最大无关组，且 $\boldsymbol{\alpha}_3=2\boldsymbol{\alpha}_1+\boldsymbol{\alpha}_2$.

注 此例中显然任意两个向量形成的向量组线性无关，而 $\boldsymbol{\alpha}_3=2\boldsymbol{\alpha}_1+\boldsymbol{\alpha}_2$，因此 $\boldsymbol{\alpha}_1$，$\boldsymbol{\alpha}_3$ 和 $\boldsymbol{\alpha}_2$，$\boldsymbol{\alpha}_3$ 都是向量组 $\boldsymbol{\alpha}_1$，$\boldsymbol{\alpha}_2$，$\boldsymbol{\alpha}_3$ 的最大无关组. 所以一个向量组的最大无关组是不唯一的. 事实上，有以下定理成立.

定理 2.9 **向量组的任意两个最大无关组所含向量的个数相等.**

证明略.

由以上两例不难发现，对于一个向量组，如果可以找到一个最大无关组，则这个向量组中任何一个向量的形式都可以由

最大无关组给出. 因此知道了最大无关组也就掌握了向量组的所有信息. 特别地，当向量组有无数多个向量时，研究其最大无关组就尤为重要了.

思考题　1. 三个三维向量线性相关的几何意义是什么?

2. 能否找出 n 维向量的全体 $\mathbf{R}^n$ 的一个最大线性无关组?

习题 2.2

1. 判断下列向量组的线性相关性.

(1) $\boldsymbol{\alpha}_1=(1, 2)^{\mathrm{T}}$, $\boldsymbol{\alpha}_2=(3, 4)^{\mathrm{T}}$, $\boldsymbol{\alpha}_3=(5, 6)^{\mathrm{T}}$;

(2) $\boldsymbol{\alpha}_1=(3, 1, 6)^{\mathrm{T}}$, $\boldsymbol{\alpha}_2=(2, 3, 6)^{\mathrm{T}}$, $\boldsymbol{\alpha}_3=(-1, 2, 0)^{\mathrm{T}}$;

(3) $\boldsymbol{\alpha}_1=(0, 1, 5)^{\mathrm{T}}$, $\boldsymbol{\alpha}_2=(1, 1, 8)^{\mathrm{T}}$, $\boldsymbol{\alpha}_3=(6, -1, 0)^{\mathrm{T}}$;

(4) $\boldsymbol{\alpha}_1=(0, 3, -1, 1)^{\mathrm{T}}$, $\boldsymbol{\alpha}_2=(-8, -7, 5, 3)^{\mathrm{T}}$, $\boldsymbol{\alpha}_3=(5, 4, -4, 2)^{\mathrm{T}}$.

2. 求下列向量组的秩和一个最大无关组，并把不属于最大无关组的向量用最大无关组表示出来.

(1) $\boldsymbol{\alpha}_1=(1, -2, 5, -3)^{\mathrm{T}}$, $\boldsymbol{\alpha}_2=(4, -1, -2, 3)^{\mathrm{T}}$, $\boldsymbol{\alpha}_3=(5, 4, -19, 15)^{\mathrm{T}}$, $\boldsymbol{\alpha}_4=(-10, -1, 16, -15)^{\mathrm{T}}$;

(2) $\boldsymbol{\alpha}_1=(1, 0, 1, 0, 1)^{\mathrm{T}}$, $\boldsymbol{\alpha}_2=(0, 1, 0, 1, 0)^{\mathrm{T}}$, $\boldsymbol{\alpha}_3=(2, 1, 2, 1, 2)^{\mathrm{T}}$, $\boldsymbol{\alpha}_4=(2, 1, 0, 1, 2)^{\mathrm{T}}$;

(3) $\boldsymbol{\alpha}_1=(1, 1, 1, -1)^{\mathrm{T}}$, $\boldsymbol{\alpha}_2=(1, 1, -1, 1)^{\mathrm{T}}$, $\boldsymbol{\alpha}_3=(1, 2, 1, 1)^{\mathrm{T}}$.

2.3　矩阵的秩

2.3.1　矩阵秩的概念及相关定理

例 2.8　设矩阵

$$\boldsymbol{A}=\begin{pmatrix}1&0&2\\1&2&4\\1&5&7\end{pmatrix}.$$

若将 $\boldsymbol{A}$ 的每一列看成一个向量，则 $\boldsymbol{A}=(\boldsymbol{\alpha}_1, \boldsymbol{\alpha}_2, \boldsymbol{\alpha}_3)$；若将 $\boldsymbol{A}$ 的每一行看成一个向量，则 $\boldsymbol{A}=\begin{pmatrix}\boldsymbol{\beta}_1^{\mathrm{T}}\\\boldsymbol{\beta}_2^{\mathrm{T}}\\\boldsymbol{\beta}_3^{\mathrm{T}}\end{pmatrix}$. 由于$(\boldsymbol{\beta}_1, \boldsymbol{\beta}_2, \boldsymbol{\beta}_3)=$

$$\begin{pmatrix}1&1&1\\0&2&5\\2&4&7\end{pmatrix}\overset{r_3-2r_1}{\sim}\begin{pmatrix}1&1&1\\0&2&5\\0&2&5\end{pmatrix}\overset{r_3-r_2}{\sim}\begin{pmatrix}1&1&1\\0&2&5\\0&0&0\end{pmatrix}$$，所以向量组 $\boldsymbol{\beta}_1$，$\boldsymbol{\beta}_2$，$\boldsymbol{\beta}_3$ 的秩为 2，由 2.2 节例 2.7 知列向量组 $\boldsymbol{\alpha}_1$，$\boldsymbol{\alpha}_2$，$\boldsymbol{\alpha}_3$ 的秩为 2. 因此矩阵 $\boldsymbol{A}$ 的列向量组的秩与行向量组的秩相同. 一般地，有以下定理成立.

定理 2.10 **任意一个矩阵的列向量组的秩(简称列秩)与行向量组的秩(简称行秩)相等.**

证明略.

由此我们给出矩阵秩的概念.

定义 2.9 矩阵 $\boldsymbol{A}$ 的列秩(或行秩)称为矩阵 $\boldsymbol{A}$ 的**秩**，记作 $R(\boldsymbol{A})$ 或 $\mathrm{rank}(\boldsymbol{A})$.

由此定义可知，求矩阵的秩只需用初等行变换把矩阵化成行阶梯形矩阵，行阶梯形矩阵中非零行的行数即为矩阵的秩.

在例 2.8 中矩阵 $(\boldsymbol{\beta}_1, \boldsymbol{\beta}_2, \boldsymbol{\beta}_3)$ 实际上是 $\boldsymbol{A}=(\boldsymbol{\alpha}_1, \boldsymbol{\alpha}_2, \boldsymbol{\alpha}_3)$ 的转置矩阵，一般地有下列结论成立.

定理 2.11 $R(\boldsymbol{A})=R(\boldsymbol{A}^{\mathrm{T}})$.

证明略.

根据上节定理 2.8，对矩阵施行初等行变换不改变其列向量组的秩，又由 $R(\boldsymbol{A})=R(\boldsymbol{A}^{\mathrm{T}})$ 可知，经过初等行(列)变换不改变矩阵的秩.

定理 2.12 **若 $\boldsymbol{A}\sim\boldsymbol{B}$，则 $R(\boldsymbol{A})=R(\boldsymbol{B})$.**

证明略.

由于 $\boldsymbol{A}\sim\boldsymbol{B}$ 的充分必要条件是存在可逆矩阵 $\boldsymbol{P}$，$\boldsymbol{Q}$，使 $\boldsymbol{PAQ}=\boldsymbol{B}$，因此可得:

推论 若存在可逆矩阵 $\boldsymbol{P}$，$\boldsymbol{Q}$ 使 $\boldsymbol{PAQ}=\boldsymbol{B}$，则 $R(\boldsymbol{A})=R(\boldsymbol{B})$.

由矩阵秩的概念及向量组的线性相关性不难得到:

性质 1 (1) $0\leqslant R(\boldsymbol{A}_{m\times n})\leqslant\min\{m, n\}$;

(2) $\max\{R(\boldsymbol{A}), R(\boldsymbol{B})\}\leqslant R(\boldsymbol{A}, \boldsymbol{B})\leqslant R(\boldsymbol{A})+R(\boldsymbol{B})$，特别地，当 $\boldsymbol{B}$ 是非零列向量 $\boldsymbol{b}$ 时，$R(\boldsymbol{A})\leqslant R(\boldsymbol{A}, \boldsymbol{b})\leqslant R(\boldsymbol{A})+1$;

(3) $R(\boldsymbol{A}+\boldsymbol{B})\leqslant R(\boldsymbol{A})+R(\boldsymbol{B})$.

由性质 1 的(2)可知线性方程组 $\boldsymbol{Ax}=\boldsymbol{b}$ 的系数矩阵的秩一定不大于增广矩阵的秩.

矩阵秩还有其它许多性质，这里我们不再一一叙述.

建立了矩阵的秩的概念后，我们前面所讲的一些理论可以转化为求矩阵秩的问题. 例如，在第 1 章中讨论了方阵的逆矩阵，那么判断一个方阵是否可逆可以转化为求矩阵的秩.

定理 2.13　**n 阶方阵 $\boldsymbol{A}$ 可逆的充分必要条件是 $R(\boldsymbol{A})=n$.**

证明　必要性.

设 n 阶方阵 $\boldsymbol{A}$ 可逆. 由第 1 章 1.4 节已知，n 阶方阵 $\boldsymbol{A}$ 可逆的充分必要条件是 $\boldsymbol{A}\overset{r}{\sim}\boldsymbol{E}$. 由于初等行变换不改变矩阵的秩，故 $R(\boldsymbol{A})=R(\boldsymbol{E})=n$.

充分性.

若 $R(\boldsymbol{A})=n$，由于初等行变换不改变矩阵的秩，故 $\boldsymbol{A}$ 的行最简形矩阵的秩也是 n，即为 n 阶单位阵 $\boldsymbol{E}$. $\boldsymbol{A}$ 的行最简形矩阵是对 $\boldsymbol{A}$ 施行有限次初等行变换得到的，而每施行一次初等行变换相当于在 $\boldsymbol{A}$ 的左端乘上一个相应的初等矩阵，若记这些初等矩阵依次是 $\boldsymbol{P}_1$，$\boldsymbol{P}_2$，…，$\boldsymbol{P}_n$，则 $\boldsymbol{P}_n\boldsymbol{P}_{n-1}\cdots\boldsymbol{P}_1\boldsymbol{A}=\boldsymbol{E}$，因为初等矩阵是可逆矩阵，可得 $\boldsymbol{A}=\boldsymbol{P}_1^{-1}\cdots\boldsymbol{P}_2^{-1}\boldsymbol{P}_n^{-1}$，所以方阵 $\boldsymbol{A}$ 可逆.

2.3.2　矩阵秩的应用

前面章节中，我们解一个线性方程组就是利用初等行变换把对应的增广矩阵化成行最简形矩阵，然后还原成简单的方程组，再选择自由未知量写出解. 而实际上很多方程组是没有解的. 对于无解的方程组，如果我们把增广矩阵化成行最简形矩阵岂不是做了很多无用功？例如，对于非齐次线性方程组

$$\begin{cases}x_1-2x_2+3x_3-x_4=1,\\3x_1-x_2+5x_3-3x_4=2,\\2x_1+x_2+2x_3-2x_4=3,\end{cases}$$

将其增广矩阵化为行阶梯形矩阵得

$$\begin{pmatrix}1&-2&3&-1&1\\3&-1&5&-3&2\\2&1&2&-2&3\end{pmatrix}\xrightarrow[r_3-2r_1]{r_2-3r_1}\begin{pmatrix}1&-2&3&-1&1\\0&5&-4&0&-1\\0&5&-4&0&1\end{pmatrix}$$

$$\xrightarrow{r_3-r_2}\begin{pmatrix}1&-2&3&-1&1\\0&5&-4&0&-1\\0&0&0&0&2\end{pmatrix},$$

则原方程组与

$$\begin{cases} x_1 - 2x_2 + 3x_3 - x_4 = 1, \\ 5x_2 - 4x_3 = -1, \\ 0 = 2 \end{cases}$$

的解相同，显然此方程组中出现了一个矛盾式“0 = 2”，所以原方程组是无解的.

上例中我们没有必要继续将增广矩阵化成行最简形矩阵了. 可见讨论一个方程组是否有解是有必要的. 下面我们利用系数矩阵的秩和增广矩阵的秩之间的关系来判断方程组解的情况.

对于 n 元线性方程组 $\boldsymbol{Ax}=\boldsymbol{b}$，先将增广矩阵 $(\boldsymbol{A}, \boldsymbol{b})$ 化成行阶梯形矩阵. 若 $R(\boldsymbol{A}) < R(\boldsymbol{A}, \boldsymbol{b})$，正如在上面的例子中 $R(\boldsymbol{A}) = 2 < 3 = R(\boldsymbol{A}, \boldsymbol{b})$，此时增广矩阵的行阶梯形矩阵的最下面一个非零行只有最后一个元素非零，此时所表示的方程是一个矛盾式. 因为矩阵的前 $n-1$ 列表示的是未知变量的系数，最后一列表示的是右端的常数项. 如果最后一个非零行的前 $n-1$ 列至少有一个非零元，则不会出现矛盾，此时 $R(\boldsymbol{A}) = R(\boldsymbol{A}, \boldsymbol{b})$，方程组有解. 如果 $R(\boldsymbol{A}) = R(\boldsymbol{A}, \boldsymbol{b}) = n$，此时由行阶梯形矩阵还原的方程的个数等于未知变量的个数 n，从最后一个非零行开始我们可以依次解出各个未知变量，方程组的解是唯一的. 若 $R(\boldsymbol{A}) = R(\boldsymbol{A}, \boldsymbol{b}) < n$，此时方程的个数小于未知变量的个数 n，我们无法确定每一个未知变量的取值. 要想求出方程组的解，必须选定 $n - R(\boldsymbol{A})$ 个自由未知量. 此时，方程组有无穷多个解. 一般地，有下列结论成立.

定理 2.14 **n 元线性方程组 $\boldsymbol{Ax}=\boldsymbol{b}$，**

(1) 无解的充分必要条件是 $R(\boldsymbol{A}) < R(\boldsymbol{A}, \boldsymbol{b})$；

(2) 有唯一解的充分必要条件是 $R(\boldsymbol{A}) = R(\boldsymbol{A}, \boldsymbol{b}) = n$；

(3) 有无穷多个解的充分必要条件是 $R(\boldsymbol{A}) = R(\boldsymbol{A}, \boldsymbol{b}) < n$.

证明略.

例 2.9 设线性方程组

$$\begin{cases} (1+\lambda)x_1 + x_2 + x_3 = 0, \\ x_1 + (1+\lambda)x_2 + x_3 = 3, \\ x_1 + x_2 + (1+\lambda)x_3 = \lambda, \end{cases}$$

讨论当 λ 取何值时，线性方程组

(1) 无解；

(2) 有唯一解；

(3) 有无穷多个解，并求出其通解.

解 对增广矩阵 $\boldsymbol{B}=(\boldsymbol{A}, \boldsymbol{b})$ 施行初等行变换化为行阶梯形矩阵得

$$\boldsymbol{B}=\begin{pmatrix}1+\lambda & 1 & 1 & 0\\ 1 & 1+\lambda & 1 & 3\\ 1 & 1 & 1+\lambda & \lambda\end{pmatrix}\overset{r_1\leftrightarrow r_3}{\sim}\begin{pmatrix}1 & 1 & 1+\lambda & \lambda\\ 1 & 1+\lambda & 1 & 3\\ 1+\lambda & 1 & 1 & 0\end{pmatrix}$$

$$\underset{r_3-(1+\lambda)r_1}{\overset{r_2-r_1}{\sim}}\begin{pmatrix}1 & 1 & 1+\lambda & \lambda\\ 0 & \lambda & -\lambda & 3-\lambda\\ 0 & -\lambda & -\lambda(2+\lambda) & -\lambda(1+\lambda)\end{pmatrix}$$

$$\overset{r_3+r_2}{\sim}\begin{pmatrix}1 & 1 & 1+\lambda & \lambda\\ 0 & \lambda & -\lambda & 3-\lambda\\ 0 & 0 & -\lambda(3+\lambda) & (1-\lambda)(3+\lambda)\end{pmatrix}.$$

当 $\lambda\neq 0$ 且 $\lambda\neq -3$ 时，$R(\boldsymbol{A})=R(\boldsymbol{A}, \boldsymbol{b})=3$，方程组有唯一解；

当 $\lambda=0$ 时，

$$\boldsymbol{B}\sim\begin{pmatrix}1 & 1 & 1 & 0\\ 0 & 0 & 0 & 3\\ 0 & 0 & 0 & 0\end{pmatrix},\ R(\boldsymbol{A})=1<2=R(\boldsymbol{A}, \boldsymbol{b}),\ 方程组$$

无解；

当 $\lambda=-3$ 时，

$$\boldsymbol{B}\sim\begin{pmatrix}1 & 1 & -2 & -3\\ 0 & -3 & 3 & 6\\ 0 & 0 & 0 & 0\end{pmatrix}\sim\begin{pmatrix}1 & 0 & -1 & -1\\ 0 & 1 & -1 & -2\\ 0 & 0 & 0 & 0\end{pmatrix},\ 故$$

$R(\boldsymbol{A})=R(\boldsymbol{A}, \boldsymbol{b})=2<3$，方程组有无限多解. 此时方程组等价于

$$\begin{cases}x_1=x_3-1,\\ x_2=x_3-2,\end{cases}$$

取 $x_3=c$（c 为任意常数），则通解为

$$\begin{pmatrix}x_1\\ x_2\\ x_3\end{pmatrix}=\begin{pmatrix}c-1\\ c-2\\ c\end{pmatrix}=c\begin{pmatrix}1\\ 1\\ 1\end{pmatrix}+\begin{pmatrix}-1\\ -2\\ 0\end{pmatrix}.$$

定理 2.15 **n 元线性方程组 $\boldsymbol{Ax}=\boldsymbol{b}$ 有解的充分必要条件是 $R(\boldsymbol{A})=R(\boldsymbol{A}, \boldsymbol{b})$.**

事实上，上述定理可以推广到矩阵方程的情况.

定理 2.16 **矩阵方程 $\boldsymbol{AX}=\boldsymbol{B}$ 有解的充分必要条件是**

$R(\boldsymbol{A})=R(\boldsymbol{A},\ \boldsymbol{B})$.

证明略.

推论 设 $\boldsymbol{AB}=\boldsymbol{C}$, 则 $R(\boldsymbol{C})\leqslant\min\{R(\boldsymbol{A}),\ R(\boldsymbol{B})\}$.

证明 因 $\boldsymbol{AB}=\boldsymbol{C}$, 知矩阵方程 $\boldsymbol{AX}=\boldsymbol{C}$ 有解 $\boldsymbol{X}=\boldsymbol{B}$, 根据定理 2.16, 有 $R(\boldsymbol{A})=R(\boldsymbol{A},\ \boldsymbol{C})$. 而 $R(\boldsymbol{C})\leqslant R(\boldsymbol{A},\ \boldsymbol{C})$, 因此 $R(\boldsymbol{C})\leqslant R(\boldsymbol{A})$, 又由 $\boldsymbol{B}^{\mathrm{T}}\boldsymbol{A}^{\mathrm{T}}=\boldsymbol{C}^{\mathrm{T}}$, 同理可证 $R(\boldsymbol{C}^{\mathrm{T}})\leqslant R(\boldsymbol{B}^{\mathrm{T}})$, 即 $R(\boldsymbol{C})\leqslant R(\boldsymbol{B})$.

综上, $R(\boldsymbol{C})\leqslant\min\{R(\boldsymbol{A}),\ R(\boldsymbol{B})\}$.

在定理 2.14 中, 当 $\boldsymbol{b}=\boldsymbol{0}$, 可得

定理 2.17 n 元齐次线性方程组 $\boldsymbol{Ax}=\boldsymbol{0}$

(1) 有唯一解(只有零解)的充分必要条件是 $R(\boldsymbol{A})=n$;

(2) 有无穷多个解(非零解)的充分必要条件是 $R(\boldsymbol{A})<n$.

证明略.

由于向量 $\boldsymbol{b}$ 能由向量组 $\boldsymbol{\alpha}_1,\ \boldsymbol{\alpha}_2,\ \cdots,\ \boldsymbol{\alpha}_m$ 线性表示的充分必要条件是线性方程组 $(\boldsymbol{\alpha}_1,\ \boldsymbol{\alpha}_2,\ \cdots,\ \boldsymbol{\alpha}_m)\boldsymbol{x}=\boldsymbol{b}$ 有解. 又由定理 2.14 可得下面定理.

定理 2.18 **向量 $\boldsymbol{b}$ 能由向量组 $\boldsymbol{\alpha}_1,\ \boldsymbol{\alpha}_2,\ \cdots,\ \boldsymbol{\alpha}_m$ 线性表示的充分必要条件是 $R(\boldsymbol{\alpha}_1,\ \boldsymbol{\alpha}_2,\ \cdots,\ \boldsymbol{\alpha}_m)=R(\boldsymbol{\alpha}_1,\ \boldsymbol{\alpha}_2,\ \cdots,\ \boldsymbol{\alpha}_m,\ \boldsymbol{b})$.**

证明略.

由此定理可知, 判断一个向量能否由一个向量组来线性表示, 不需要去求解线性方程组了, 只需要比较两个矩阵的秩是否相等即可.

例 2.10 判断向量 $\boldsymbol{b}=\begin{pmatrix}4\\2\\3\end{pmatrix}$ 能否由向量组 $\boldsymbol{\alpha}_1=\begin{pmatrix}1\\5\\3\end{pmatrix}$, $\boldsymbol{\alpha}_2=\begin{pmatrix}2\\7\\4\end{pmatrix}$, $\boldsymbol{\alpha}_3=\begin{pmatrix}3\\6\\1\end{pmatrix}$ 线性表示.

解 将 $(\boldsymbol{\alpha}_1,\ \boldsymbol{\alpha}_2,\ \boldsymbol{\alpha}_3,\ \boldsymbol{b})$ 化为行阶梯形矩阵得

$$(\boldsymbol{\alpha}_1,\ \boldsymbol{\alpha}_2,\ \boldsymbol{\alpha}_3,\ \boldsymbol{b})=\begin{pmatrix}1&2&3&4\\5&7&6&2\\3&4&1&3\end{pmatrix}\xrightarrow[r_3-3r_1]{r_2-5r_1}\begin{pmatrix}1&2&3&4\\0&-3&-9&-18\\0&-2&-8&-9\end{pmatrix}$$

$$\xrightarrow{r_2\times\left(-\frac{1}{3}\right)}\begin{pmatrix}1&2&3&4\\0&1&3&6\\0&-2&-8&-9\end{pmatrix}\xrightarrow{r_3+2r_2}\begin{pmatrix}1&2&3&4\\0&1&3&6\\0&0&-2&3\end{pmatrix},$$

可见 $R(\boldsymbol{\alpha}_1, \boldsymbol{\alpha}_2, \boldsymbol{\alpha}_3)=R(\boldsymbol{\alpha}_1, \boldsymbol{\alpha}_2, \boldsymbol{\alpha}_3, \boldsymbol{b})=3$，所以 $\boldsymbol{b}$ 能由向量组 $\boldsymbol{\alpha}_1, \boldsymbol{\alpha}_2, \boldsymbol{\alpha}_3$ 线性表示.

前面已经介绍过：

（1）向量组 $\boldsymbol{\alpha}_1, \boldsymbol{\alpha}_2, \cdots, \boldsymbol{\alpha}_m$ 线性相关的充分必要条件是齐次线性方程组 $(\boldsymbol{\alpha}_1, \boldsymbol{\alpha}_2, \cdots, \boldsymbol{\alpha}_m)\boldsymbol{x}=\boldsymbol{0}$ 有非零解.

（2）向量组 $\boldsymbol{\alpha}_1, \boldsymbol{\alpha}_2, \cdots, \boldsymbol{\alpha}_m$ 线性无关的充分必要条件是齐次线性方程组 $(\boldsymbol{\alpha}_1, \boldsymbol{\alpha}_2, \cdots, \boldsymbol{\alpha}_m)\boldsymbol{x}=\boldsymbol{0}$ 只有零解.

再由定理 2.14 可得下面定理.

定理 2.19　（1）**向量组 $\boldsymbol{\alpha}_1, \boldsymbol{\alpha}_2, \cdots, \boldsymbol{\alpha}_m$ 线性相关的充分必要条件是 $R(\boldsymbol{\alpha}_1, \boldsymbol{\alpha}_2, \cdots, \boldsymbol{\alpha}_m)<m$；**

（2）**向量组 $\boldsymbol{\alpha}_1, \boldsymbol{\alpha}_2, \cdots, \boldsymbol{\alpha}_m$ 线性无关的充分必要条件是 $R(\boldsymbol{\alpha}_1, \boldsymbol{\alpha}_2, \cdots, \boldsymbol{\alpha}_m)=m$.**

证明略.

根据此定理，判断一个向量组的线性相关性可以转化为比较向量组对应矩阵的秩与向量组中含有的向量个数的大小问题.

例 2.11　判断向量组 $\boldsymbol{\alpha}_1=\begin{pmatrix}1\\2\\4\end{pmatrix}$，$\boldsymbol{\alpha}_2=\begin{pmatrix}3\\5\\7\end{pmatrix}$，$\boldsymbol{\alpha}_3=\begin{pmatrix}2\\3\\2\end{pmatrix}$ 的线性相关性.

解　将 $(\boldsymbol{\alpha}_1, \boldsymbol{\alpha}_2, \boldsymbol{\alpha}_3)$ 化为行阶梯形矩阵得

$$(\boldsymbol{\alpha}_1, \boldsymbol{\alpha}_2, \boldsymbol{\alpha}_3)=\begin{pmatrix}1&3&2\\2&5&3\\4&7&2\end{pmatrix}\xrightarrow[r_3-4r_1]{r_2-2r_1}\begin{pmatrix}1&3&2\\0&-1&-1\\0&-5&-6\end{pmatrix}$$

$$\xrightarrow{r_3-5r_2}\begin{pmatrix}1&3&2\\0&-1&-1\\0&0&-1\end{pmatrix},$$

由于 $R(\boldsymbol{\alpha}_1, \boldsymbol{\alpha}_2, \boldsymbol{\alpha}_3)$ 等于向量的个数，因此向量组 $\boldsymbol{\alpha}_1, \boldsymbol{\alpha}_2, \boldsymbol{\alpha}_3$ 线性无关.

思考　1. 性质 1 为什么成立？

习题 2.3

1. 设 $\boldsymbol{A}=\begin{pmatrix}0&1&2&-1&3\\2&-3&0&7&-5\\3&-2&5&8&0\\1&0&3&2&0\end{pmatrix}$，求 $R(\boldsymbol{A})$.

2. λ，μ 取何值时，齐次线性方程组$\begin{cases}\lambda x_1+x_2+x_3=0,\\ -3x_1+\mu x_2+x_3=0,\\ -3x_1+2\mu x_2+x_3=0\end{cases}$有非零解?

3. λ 取何值时，线性方程组

$$\begin{cases}x_1-x_2+x_3=1,\\ x_1+\lambda x_2+x_3=1,\\ 2x_1+2x_2+(\lambda+4)x_3=3\end{cases}$$

（1）无解；（2）有唯一解；（3）有无穷多个解?

4. 设 $\boldsymbol{\alpha}_1=(1,2,4)^{\mathrm{T}}$，$\boldsymbol{\alpha}_2=(2,1,8)^{\mathrm{T}}$，$\boldsymbol{\alpha}_3=(1,4,a)^{\mathrm{T}}$. 问 a 取何值时 $\boldsymbol{\alpha}_1$，$\boldsymbol{\alpha}_2$，$\boldsymbol{\alpha}_3$ 线性相关? a 取何值时 $\boldsymbol{\alpha}_1$，$\boldsymbol{\alpha}_2$，$\boldsymbol{\alpha}_3$ 线性无关?

2.4 线性方程组的解的结构

对于线性方程组 $\boldsymbol{Ax}=\boldsymbol{b}$，需要解决以下三个问题：

（1）方程组是否有解?

（2）若方程组有解，它的解是否唯一?

（3）若方程组的解不唯一，则如何找出解与解之间的关系?

前两个问题已经解决，为了解决第三个问题，我们先从齐次线性方程组开始讨论.

2.4.1 齐次线性方程组的解的性质

设齐次线性方程组

$$\begin{cases}a_{11}x_1+a_{12}x_2+\cdots+a_{1n}x_n=0,\\ a_{21}x_1+a_{22}x_2+\cdots+a_{2n}x_n=0,\\ \qquad\vdots\\ a_{m1}x_1+a_{m2}x_2+\cdots+a_{mn}x_n=0.\end{cases}$$

其矩阵形式为 $\boldsymbol{Ax}=\boldsymbol{0}$.

若 $x_1=\xi_{11}$，…，$x_n=\xi_{1n}$是 n 元齐次线性方程组 $\boldsymbol{Ax}=\boldsymbol{0}$ 的解，则称 $\boldsymbol{x}=\begin{pmatrix}x_1\\ x_2\\ \vdots\\ x_n\end{pmatrix}=\begin{pmatrix}\xi_{11}\\ \xi_{12}\\ \vdots\\ \xi_{1n}\end{pmatrix}$为齐次线性方程组 $\boldsymbol{Ax}=\boldsymbol{0}$ 的**解向量**.

性质 1 若 $\boldsymbol{x}=\boldsymbol{\xi}_1$，$\boldsymbol{x}=\boldsymbol{\xi}_2$ 是齐次线性方程组 $\boldsymbol{A}\boldsymbol{x}=\boldsymbol{0}$ 的解，则 $\boldsymbol{x}=\boldsymbol{\xi}_1+\boldsymbol{\xi}_2$ 仍是 $\boldsymbol{A}\boldsymbol{x}=\boldsymbol{0}$ 的解.

证明 $\boldsymbol{A}(\boldsymbol{\xi}_1+\boldsymbol{\xi}_2)=\boldsymbol{A}\boldsymbol{\xi}_1+\boldsymbol{A}\boldsymbol{\xi}_2=\boldsymbol{0}+\boldsymbol{0}=\boldsymbol{0}$.

性质 2 若 $\boldsymbol{x}=\boldsymbol{\xi}$ 是齐次线性方程组 $\boldsymbol{A}\boldsymbol{x}=\boldsymbol{0}$ 的解，k 为实数，则 $\boldsymbol{x}=k\boldsymbol{\xi}$ 仍是 $\boldsymbol{A}\boldsymbol{x}=\boldsymbol{0}$ 的解.

证明 $\boldsymbol{A}(k\boldsymbol{\xi})=k\cdot\boldsymbol{A}\boldsymbol{\xi}=k\cdot\boldsymbol{0}=\boldsymbol{0}$.

推论 若 $\boldsymbol{\xi}_1,\cdots,\boldsymbol{\xi}_r$ 是齐次线性方程组 $\boldsymbol{A}\boldsymbol{x}=\boldsymbol{0}$ 的解，则 $\boldsymbol{x}=k_1\boldsymbol{\xi}_1+k_2\boldsymbol{\xi}_2+\cdots+k_r\boldsymbol{\xi}_r$ 仍是 $\boldsymbol{A}\boldsymbol{x}=\boldsymbol{0}$ 的解.

由结论可知，若已知齐次线性方程组 $\boldsymbol{A}\boldsymbol{x}=\boldsymbol{0}$ 的几个解向量，则可以通过这些解向量的线性组合给出更多的解. 那么能否通过有限个解向量的线性组合将方程组 $\boldsymbol{A}\boldsymbol{x}=\boldsymbol{0}$ 的全部解都表示出来呢？如果可以，当齐次线性方程组 $\boldsymbol{A}\boldsymbol{x}=\boldsymbol{0}$ 有无穷多个解的时候，我们只需找出有限个解向量就可以给出方程组的全体解. 因此研究这个问题对于求解线性方程组具有重要的意义. 为了找到解决问题的方法，我们先来看一个具体的求解齐次线性方程组的例子.

例 2.12 求解齐次线性方程组

$$\begin{cases}x_1+2x_2+3x_3+x_4=0,\\2x_1+5x_2+7x_3+3x_4=0,\\3x_1+7x_2+10x_3+4x_4=0.\end{cases}$$

解 将系数矩阵化为行最简形矩阵

$$\boldsymbol{A}=\begin{pmatrix}1&2&3&1\\2&5&7&3\\3&7&10&4\end{pmatrix}\underset{r_2-2r_1}{\overset{\substack{r_3-r_1\\r_3-r_2}}{\sim}}\begin{pmatrix}1&2&3&1\\0&1&1&1\\0&0&0&0\end{pmatrix}\overset{r_1-2r_2}{\sim}\begin{pmatrix}1&0&1&-1\\0&1&1&1\\0&0&0&0\end{pmatrix},$$

对应的方程组为

$$\begin{cases}x_1\qquad+x_3-x_4=0,\\\qquad x_2+x_3+x_4=0,\end{cases}$$

即

$$\begin{cases}x_1=-x_3+x_4,\\x_2=-x_3-x_4.\end{cases}$$

令 $x_3=c_1$，$x_4=c_2$（c_1，c_2 为任意常数），则线性方程组的全部解向量为

$$\boldsymbol{x}=\begin{pmatrix}x_1\\x_2\\x_3\\x_4\end{pmatrix}=\begin{pmatrix}-c_1+c_2\\-c_1-c_2\\c_1\\c_2\end{pmatrix}=c_1\begin{pmatrix}-1\\-1\\1\\0\end{pmatrix}+c_1\begin{pmatrix}1\\-1\\0\\1\end{pmatrix}=c_1\boldsymbol{\xi}_1+c_2\boldsymbol{\xi}_2.$$

显然，此例中的方程组有无穷多解，其任意一个解向量都可以由向量 $\boldsymbol{\xi}_1$ 和 $\boldsymbol{\xi}_2$ 的线性组合来给出，而 $\boldsymbol{\xi}_1$ 和 $\boldsymbol{\xi}_2$ 都是方程组的解，并且它们线性无关. 因此我们找出了有限个解向量，通过它们的线性组合将方程组 $\boldsymbol{Ax}=\boldsymbol{0}$ 的所有解都表示出来. 为了叙述方便给出以下定义.

定义 2.10 齐次线性方程组 $\boldsymbol{Ax}=\boldsymbol{0}$ 的一组解向量：$\boldsymbol{\xi}_1$，$\boldsymbol{\xi}_2$，…，$\boldsymbol{\xi}_r$ 如果满足

(1) $\boldsymbol{\xi}_1$，$\boldsymbol{\xi}_2$，…，$\boldsymbol{\xi}_r$ 线性无关；

(2) 方程组的任意一个解都可以由 $\boldsymbol{\xi}_1$，$\boldsymbol{\xi}_2$，…，$\boldsymbol{\xi}_r$ 线性表示，

那么称这组解向量是齐次线性方程组的一个**基础解系**.

显然齐次线性方程组 $\boldsymbol{Ax}=\boldsymbol{0}$ 的基础解系就是其解集的一个最大无关组，因此找齐次方程组的基础解系实际上就是找其解集的一个最大无关组. 一个向量组的最大无关组是不唯一的，从而齐次线性方程组的基础解系也是不唯一的.

由上例的求解过程可以看出，齐次线性方程组 $\boldsymbol{Ax}=\boldsymbol{0}$ 的基础解系中含有的解向量的个数等于该方程组中自由未知量的个数. 因此，我们可以根据齐次线性方程组 $\boldsymbol{Ax}=\boldsymbol{0}$ 中选取的自由未知量的个数来找同数量的线性无关的解向量，即得到该方程组的一个基础解系. 事实上，对于 n 元齐次线性方程组 $\boldsymbol{Ax}=\boldsymbol{0}$，若 $R(\boldsymbol{A})<n$，此时方程的个数小于未知变量的个数 n，若要求出方程组的解，可选每一个方程的第一个未知变量留在方程的左端，其余的 $n-r$ 个未知变量置于方程的右端，并选作自由未知量，因此. 一般地，对于任何一个线性方程组，有以下定理成立.

定理 2.20 **设 n 元齐次线性方程组 $\boldsymbol{Ax}=\boldsymbol{0}$. 若 $R(\boldsymbol{A})=r<n$，则齐次方程组的基础解系含有 $n-r$ 个解向量，或者称解集的秩是 $n-r$.**

证明略.

例 2.13 求齐次线性方程组 $\begin{cases} x_1+2x_2+x_3-x_4=0, \\ 3x_1+6x_2-x_3-3x_4=0, \\ 5x_1+10x_2+x_3-5x_4=0 \end{cases}$ 的一个基础解系与通解.

解 将系数矩阵化为行最简形矩阵

$$A=\begin{pmatrix}1&2&1&-1\\3&6&-1&-3\\5&10&1&-5\end{pmatrix}\xrightarrow[r_3-5r_1]{r_2-3r_1}\begin{pmatrix}1&2&1&-1\\0&0&-4&0\\0&0&-4&0\end{pmatrix}$$

$$\xrightarrow[r_1-r_2]{\substack{r_3-r_2\\ r_2\times\left(-\frac{1}{4}\right)}}\begin{pmatrix}1&2&0&-1\\0&0&1&0\\0&0&0&0\end{pmatrix}$$

对应方程组为

$$\begin{cases}x_1=-2x_2+x_4,\\x_3=0.\end{cases}$$

令$\begin{pmatrix}x_2\\x_4\end{pmatrix}=\begin{pmatrix}1\\0\end{pmatrix}$，$\begin{pmatrix}0\\1\end{pmatrix}$，则对应有 $x_1=-2$ 及1，可得基础解系

$$\boldsymbol{\xi}_1=\begin{pmatrix}-2\\1\\0\\0\end{pmatrix},\ \boldsymbol{\xi}_2=\begin{pmatrix}1\\0\\0\\1\end{pmatrix},$$

由此可得方程组的通解

$$\boldsymbol{x}=c_1\begin{pmatrix}-2\\1\\0\\0\end{pmatrix}+c_2\begin{pmatrix}1\\0\\0\\1\end{pmatrix}(c_1,\ c_2\text{ 为任意实数}).$$

2.4.2 非齐次线性方程组的解的性质

设非齐次线性方程组

$$\begin{cases}a_{11}x_1+a_{12}x_2+\cdots+a_{1n}x_n=b_1,\\a_{12}x_1+a_{22}x_2+\cdots+a_{2n}x_n=b_2,\\\qquad\vdots\\a_{m1}x_1+a_{m2}x_2+\cdots+a_{mn}x_n=b_m,\end{cases}$$

其矩阵形式为 $\boldsymbol{Ax}=\boldsymbol{b}$.

性质3 若 $\boldsymbol{x}=\boldsymbol{\eta}_1$，$\boldsymbol{x}=\boldsymbol{\eta}_2$ 是非齐次线性方程组 $\boldsymbol{Ax}=\boldsymbol{b}$ 的解，则 $\boldsymbol{x}=\boldsymbol{\eta}_1-\boldsymbol{\eta}_2$ 是对应齐次线性方程组 $\boldsymbol{Ax}=\boldsymbol{0}$ 的解.

证明 $\boldsymbol{A}(\boldsymbol{\eta}_1-\boldsymbol{\eta}_2)=\boldsymbol{A\eta}_1-\boldsymbol{A\eta}_2=\boldsymbol{b}-\boldsymbol{b}=\boldsymbol{0}$.

性质4 若 $\boldsymbol{x}=\boldsymbol{\eta}$ 是非齐次线性方程组 $\boldsymbol{Ax}=\boldsymbol{b}$ 的解，$\boldsymbol{x}=\boldsymbol{\xi}$ 是对应齐次线性方程组 $\boldsymbol{Ax}=\boldsymbol{0}$ 的解，则 $\boldsymbol{x}=\boldsymbol{\xi}+\boldsymbol{\eta}$ 是 $\boldsymbol{Ax}=\boldsymbol{b}$ 的解.

证明 $A(\boldsymbol{\xi}+\boldsymbol{\eta})=A\boldsymbol{\xi}+A\boldsymbol{\eta}=\boldsymbol{b}+\boldsymbol{0}=\boldsymbol{b}$.

结论 若 $\boldsymbol{x}=\boldsymbol{\eta}^*$ 是非齐次线性方程组 $\boldsymbol{Ax}=\boldsymbol{b}$ 的一个解，$\boldsymbol{\xi}_1$，$\boldsymbol{\xi}_2$，…，$\boldsymbol{\xi}_r$ 是齐次线性方程组 $\boldsymbol{Ax}=\boldsymbol{0}$ 的基础解系，则 $\boldsymbol{x}=\boldsymbol{\eta}^*+k_1\boldsymbol{\xi}_1+k_2\boldsymbol{\xi}_2+\cdots+k_r\boldsymbol{\xi}_r$ 是 $\boldsymbol{Ax}=\boldsymbol{b}$ 的全部解.

由结论可以看出，对于非齐次线性方程组 $\boldsymbol{Ax}=\boldsymbol{b}$，只要找出它的一个特解和对应的齐次线性方程组 $\boldsymbol{Ax}=\boldsymbol{0}$(称为非齐次线性方程组 $\boldsymbol{Ax}=\boldsymbol{b}$ 的**导出组**)的全部解，则两者之和即为线性方程组 $\boldsymbol{Ax}=\boldsymbol{b}$ 的通解.

例 2.14 求解非齐次线性方程组

$$\begin{cases}2x_1+x_2+2x_3+3x_4=4,\\4x_1+x_2+3x_3+5x_4=6,\\2x_1\quad\ \ +x_3+2x_4=2.\end{cases}$$

解 将增广矩阵化为行最简形矩阵

$$\begin{pmatrix}2&1&2&3&4\\4&1&3&5&6\\2&0&1&2&2\end{pmatrix}\xrightarrow[r_3-r_1]{r_2-2r_1}\begin{pmatrix}2&1&2&3&4\\0&-1&-1&-1&-2\\0&-1&-1&-1&-2\end{pmatrix}$$

$$\xrightarrow[r_1+r_2]{r_3-r_2}\begin{pmatrix}2&0&1&2&2\\0&-1&-1&-1&-2\\0&0&0&0&0\end{pmatrix}$$

$$\xrightarrow[r_2\times(-1)]{r_1\times\left(\frac{1}{2}\right)}\begin{pmatrix}1&0&0.5&1&1\\0&1&1&1&2\\0&0&0&0&0\end{pmatrix}.$$

对应的方程组为

$$\begin{cases}x_1\quad\ +0.5x_3+x_4=1,\\\quad x_2+\quad x_3+x_4=2\end{cases}$$

即

$$\begin{cases}x_1=-0.5x_3-x_4+1,\\x_2=-x_3-x_4+2.\end{cases}$$

取 $x_3=x_4=0$，则 $x_1=1$，$x_2=2$，即得方程组的一个特解.

$$\boldsymbol{\eta}^*=\begin{pmatrix}1\\2\\0\\0\end{pmatrix}.$$

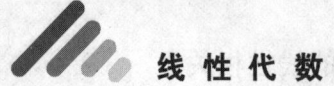

在对应的齐次线性方程组$\begin{cases}x_1=-0.5x_3-x_4\\x_2=-x_3-x_4\end{cases}$中，取

$$\begin{pmatrix}x_3\\x_4\end{pmatrix}=\begin{pmatrix}1\\0\end{pmatrix},\ \begin{pmatrix}0\\1\end{pmatrix},\ \text{则}\begin{pmatrix}x_1\\x_2\end{pmatrix}=\begin{pmatrix}-0.5\\-1\end{pmatrix},\ \begin{pmatrix}-1\\-1\end{pmatrix},$$

即得对应的齐次线性方程组的一个基础解系

$$\boldsymbol{\xi}_1=\begin{pmatrix}-0.5\\-1\\1\\0\end{pmatrix},\ \boldsymbol{\xi}_2=\begin{pmatrix}-1\\-1\\0\\1\end{pmatrix},$$

于是原方程组的通解为

$$\boldsymbol{x}=\begin{pmatrix}1\\2\\0\\0\end{pmatrix}+c_1\begin{pmatrix}-0.5\\-1\\1\\0\end{pmatrix}+c_2\begin{pmatrix}-1\\-1\\0\\1\end{pmatrix}(c_1,\ c_2\ \text{为任意实数}).$$

思考题　1. 例 2.12 是否还有别的基础解系？

习题 2.4

1. 求解下列齐次线性方程组.

(1) $\begin{cases}x_1+x_2+2x_3-x_4=0,\\2x_1+x_2+x_3-x_4=0,\\2x_1+2x_2+x_3+2x_4=0;\end{cases}$

(2) $\begin{cases}x_1-x_2-3x_3+x_4=0,\\-2x_1+3x_2+4x_3-5x_4=0,\\2x_1+2x_2+x_3+5x_4=0,\\x_1+5x_2-3x_3-5x_4=0.\end{cases}$

2. 求解下列非齐次线性方程组.

(1) $\begin{cases}x_1+3x_3+x_4=2,\\x_1-3x_2+x_4=-1,\\2x_1+x_2+7x_3+2x_4=5,\\4x_1+2x_2+14x_3=6;\end{cases}$

(2) $\begin{cases}x_1-2x_2+3x_3-4x_4=4,\\x_2-x_3+x_4=-3,\\x_1+3x_2+x_4=1,\\-7x_1+3x_3+x_4=6.\end{cases}$

2.5 向量空间

2.4 节讨论了齐次线性方程组的解的结构. 当齐次线性方程组有无穷多个解时，利用其基础解系的线性组合把每一个解表示出来. 例如，若 $\boldsymbol{\xi}_1$，$\boldsymbol{\xi}_2$，…，$\boldsymbol{\xi}_r$ 是齐次线性方程组 $\boldsymbol{Ax}=\boldsymbol{0}$ 的基础解系，则方程组 $\boldsymbol{Ax}=\boldsymbol{0}$ 的任意一个解都可以表示为 $\boldsymbol{x}=k_1\boldsymbol{\xi}_1+k_2\boldsymbol{\xi}_2+\cdots+k_r\boldsymbol{\xi}_r$. 在表达式 $k_1\boldsymbol{\xi}_1+k_2\boldsymbol{\xi}_2+\cdots+k_r\boldsymbol{\xi}_r$ 中包含了向量的两种运算：向量的加法和数乘. 如果把 $\boldsymbol{Ax}=\boldsymbol{0}$ 的全体解组成的集合记作 S，则 S 对这两种运算**封闭**，即

（1）对任意的 $\boldsymbol{a}$，$\boldsymbol{b}\in S$，有 $\boldsymbol{a}+\boldsymbol{b}\in S$；

（2）对任意的 $\boldsymbol{a}\in S$，$\lambda\in\mathbf{R}$，有 $\lambda\boldsymbol{a}\in S$，

称 S 为齐次线性方程组的**解向量空间**，简称**解空间**.

一般地，有以下定义

定义 2.11 设 V 是一个非空向量的集合，如果 V 中的元素满足

（1）对任意的 $\boldsymbol{\alpha}$，$\boldsymbol{\beta}\in V$，有 $\boldsymbol{\alpha}+\boldsymbol{\beta}\in V$；

（2）对任意的 $\boldsymbol{\alpha}\in V$，$k\in\mathbf{R}$，有 $k\boldsymbol{\alpha}\in V$，

则称 V 为**向量空间**.

平面和空间可视为二维和三维向量构成的向量空间.

思考题 $\mathbf{R}^n$ 是向量空间吗？

习题 2.5

1. 设

$$V_1=\left\{\begin{pmatrix}x_1\\x_2\\\vdots\\x_n\end{pmatrix}\middle|\, x_i\in\mathbf{R},\sum_{i=1}^{n}x_i=0\right\},$$

$$V_2=\left\{\begin{pmatrix}x_1\\x_2\\\vdots\\x_n\end{pmatrix}\middle|\, x_i\in\mathbf{R},\sum_{i=1}^{n}x_i=1\right\},$$

V_1 和 V_2 是不是向量空间，并说明理由.

2.6 应用举例与数学实验

2.6.1 应用举例

调味品配置问题

例 2.15 某调料公司用五种原料来制造多种调味品. 表 2-1 列出了三种调味制品 A, B, C 每包所需要各成分的量(以 g 为单位):

表 2-1

原料 \ 调味制品	A	B	C
红辣椒	3	1.5	4.5
姜黄	2	4	0
大蒜粉	1	2	0
盐	0.5	1	0
丁香油	0.25	0.5	0

(1) 一位顾客为了避免买全部的三种调制品, 她可以只购买其中的一部分并用它配制出其余几种调味品. 为了能配制出其余几种调味品, 这位顾客须购买的最少的调味品的种类是多少? 写出所需最少调味品的集合.

(2) (1)中得到的最小调味品集合是否唯一? 若不唯一, 请给出另外一种情况.

(3) 利用在(1)中找到的最小调味品集合, 按表 2-2 配置出一种新的调味品.

表 2-2

红辣椒	19.5
姜黄	10
大蒜粉	5
盐	2.5
丁香油	1.25

解 (1) 记三种调味品的各自成分形成的列向量为 $\boldsymbol{\alpha}_1$, $\boldsymbol{\alpha}_2$, $\boldsymbol{\alpha}_3$.

根据题意，第(1)小题实际上就是要找向量组 $\boldsymbol{\alpha}_1$，$\boldsymbol{\alpha}_2$，$\boldsymbol{\alpha}_3$ 的一个最大无关组，由

$$\begin{pmatrix} 3 & 1.5 & 4.5 \\ 2 & 4 & 0 \\ 1 & 2 & 0 \\ 0.5 & 1 & 0 \\ 0.25 & 0.5 & 0 \end{pmatrix} \overset{r}{\sim} \begin{pmatrix} 1 & 0 & 2 \\ 0 & 1 & -1 \\ 0 & 0 & 0 \\ 0 & 0 & 0 \\ 0 & 0 & 0 \end{pmatrix}$$

知向量组的秩为2，最大无关组含有两个向量，由第2.3节的讨论知 $\boldsymbol{\alpha}_3=2\boldsymbol{\alpha}_1-\boldsymbol{\alpha}_2$，即 $\boldsymbol{\alpha}_2=2\boldsymbol{\alpha}_1-\boldsymbol{\alpha}_3$ 或 $\boldsymbol{\alpha}_1=\frac{1}{2}\boldsymbol{\alpha}_2+\frac{1}{2}\boldsymbol{\alpha}_3$. 由问题的实际意义，当用两种调味品来调制第三种调味品时，这两种调味品的用量应该都是大于等于零，只能采用第三种表示方法 $\boldsymbol{\alpha}_1=\frac{1}{2}\boldsymbol{\alpha}_2+\frac{1}{2}\boldsymbol{\alpha}_3$，因此顾客最少可购买两种调味品，即 B 和 C.

(2) 其他两组虽然也是 $\boldsymbol{\alpha}_1$，$\boldsymbol{\alpha}_2$，$\boldsymbol{\alpha}_3$ 的最大无关组，但是考虑到其实际意义，都不能作为最小调味品集合. 因此问题(2)中最小调味品集合是唯一的.

(3) 记 $\boldsymbol{b}=(19.5,\ 10,\ 5,\ 2.5,\ 1.25)^{\mathrm{T}}$，则问题(3)转化为向量 $\boldsymbol{b}$ 能否由 $\boldsymbol{\alpha}_2$，$\boldsymbol{\alpha}_3$ 来线性表示.

由

$$\begin{pmatrix} 1.5 & 4.5 & 19.5 \\ 4 & 0 & 10 \\ 2 & 0 & 5 \\ 1 & 0 & 2.5 \\ 0.5 & 0 & 1.25 \end{pmatrix} \overset{r}{\sim} \begin{pmatrix} 1 & 0 & 2.5 \\ 0 & 1 & 3.5 \\ 0 & 0 & 0 \\ 0 & 0 & 0 \\ 0 & 0 & 0 \end{pmatrix}$$

知 $\boldsymbol{b}=2.5\boldsymbol{\alpha}_2+3.5\boldsymbol{\alpha}_3$，即此种新的调味品可由 2.5 包 B 和 3.5 包 C 调制而成.

2.6.2 数学实验

1. 相关命令

在 MATLAB 中，命令 rank(A)表示求矩阵 $\boldsymbol{A}$ 的秩.

命令 rref(A)表示求矩阵 $\boldsymbol{A}$ 的行最简形.

2. 实验举例

例 2.16 给定向量组 $\boldsymbol{\alpha}_1=\begin{pmatrix}1\\1\\1\end{pmatrix}$，$\boldsymbol{\alpha}_2=\begin{pmatrix}0\\2\\5\end{pmatrix}$，$\boldsymbol{\alpha}_3=\begin{pmatrix}2\\4\\7\end{pmatrix}$，求

向量组的秩.

解　在命令行窗口输入

```
命令行窗口
>> A=[1 0 2;1 2 4;1 5 7];
>> rank(A)
```

运行结果如下：

```
命令行窗口
>> A=[1 0 2;1 2 4;1 5 7];
>> rank(A)

ans =

     2
```


例 2.17　判断向量组 $\boldsymbol{\alpha}_1=\begin{pmatrix}1\\2\\4\end{pmatrix}$，$\boldsymbol{\alpha}_2=\begin{pmatrix}3\\5\\7\end{pmatrix}$，$\boldsymbol{\alpha}_3=\begin{pmatrix}2\\3\\2\end{pmatrix}$的线性相关性.

解　通过判断向量组($\boldsymbol{\alpha}_1$，$\boldsymbol{\alpha}_2$，$\boldsymbol{\alpha}_3$)的秩是否小于向量组中向量的个数来判断其线性相关性. 在 MATLAB 中操作如下：

```
命令行窗口
>> A=[1 3 2;2 5 3;4 7 2];
>> rank(A)

ans =

     3
```

运行结果表明，向量组的秩为 3，等于向量的个数，所以向量组是线性无关的.

例 2.18　**求解线性方程组**

通过本章的学习，我们知道对于线性方程组，根据其系数矩阵及增广矩阵秩的情形，其解的情况有三种情形，即无解，有唯一解和无数解. 在 MATLAB 中，对于线性方程组 $\boldsymbol{Ax}=\boldsymbol{b}$ 主要有三种方法来求解：第一，如果系数矩阵 $\boldsymbol{A}$ 可逆（可以通过判断矩阵 $\boldsymbol{A}$ 的秩实现），则可以直接由 x = inv(A) * b 给出方程组的解；第二，若 $\boldsymbol{X}$ 和 $\boldsymbol{B}$ 都是矩阵，可以通过左除和右除求得. 例如，$\boldsymbol{AX}=\boldsymbol{B}$ 的求解命令为 X = A \ B，及 $\boldsymbol{XA}=\boldsymbol{B}$ 的求解命令为 X = B/A；第三，也是最常用的方法，即通过命令 rref(A)求出矩阵 $\boldsymbol{A}$ 的行最简形，从而写出线性方程组的通解.

(1) 求解线性方程组$\begin{cases}2x_1+2x_2=4,\\-x_1+2x_2=1.\end{cases}$

解 本例中很容易看出系数矩阵 $\boldsymbol{A}$ 可逆，故可以直接由 x = inv (A) * b 给出方程组的解，运行过程为：

```
命令行窗口
>> A=[2 2;-1 2];b=[4 1]';
>> x=inv(A)*b

x =

    1.0000
    1.0000
```

结果表示$\begin{pmatrix}x_1\\x_2\end{pmatrix}=\begin{pmatrix}1\\1\end{pmatrix}$.

(2) 求解矩阵方程 $\boldsymbol{X}\begin{pmatrix}2&1&-1\\2&1&0\\1&-1&1\end{pmatrix}=\begin{pmatrix}1&-1&3\\4&3&2\end{pmatrix}$.

解 采用命令 X = B/A，运行过程为：

```
命令行窗口
>> A=[2 1 -1;2 1 0;1 -1 1];B=[1 -1 3;4 3 2];
>> X=B/A

X =

   -2.0000    2.0000    1.0000
   -2.6667    5.0000   -0.6667
```

(3) 求齐次线性方程组

$$\begin{cases}2x_1+2x_2+2x_3=0,\\-x_1+x_2-2x_3=0,\\2x_2-x_3=0\end{cases}$$

的基础解系和通解.

解 本例中我们通过命令 rref(A)求出矩阵 $\boldsymbol{A}$ 的行最简形，运行过程为：

```
命令行窗口
>> A=[2 2 2;-1 1 -2;0 2 -1];rref(A)

ans =

    1.0000         0    1.5000
         0    1.0000   -0.5000
         0         0         0
```

运行结果表明：与原方程组同解的方程组为

$$\begin{cases} x_1 = -1.5x_3 \\ x_2 = \ \ 0.5x_3, \end{cases}$$

取 $x_3=1$，得 $\begin{cases} x_1 = -1.5, \\ x_2 = \ \ 0.5. \end{cases}$ 原方程组的基础解系为 $\boldsymbol{\xi}=\begin{pmatrix} -1.5 \\ 0.5 \\ 1 \end{pmatrix}$,

故原方程组的通解为

$$\begin{pmatrix} x_1 \\ x_2 \\ x_3 \end{pmatrix} = c\begin{pmatrix} -1.5 \\ 0.5 \\ 1 \end{pmatrix} \ (c\text{ 为任意常数}).$$

（4）求解非齐次线性方程组

$$\begin{cases} 2x_1+3x_2+\ \ x_3=4, \\ \ \ x_1-2x_2+4x_3=-5, \\ 3x_1+8x_2-2x_3=13, \\ 4x_1-\ \ x_2+9x_3=-6. \end{cases}$$

解　可以通过求增广矩阵的行最简形来写出线性方程组的通解，命令如下：

```
exam2_64.m
A=[2 3 1;1 -2 4;3 8 -2;4 -1 9];b=[4;-5;13;-6];
B=[A,b];
rref(B)
```

运行结果为

```
命令行窗口
>> exam2_64

ans =

     1     0     2    -1
     0     1    -1     2
     0     0     0     0
     0     0     0     0
```

即与原方程组同解的方程组为

$$\begin{cases} x_1 = -2x_3 \ \ -1, \\ x_2 = \ \ \ \ \ x_3 \ \ +2, \\ x_3 = \ \ \ \ \ x_3. \end{cases}$$

取 $x_3=c$，得原方程组全部解的向量形式为

$$\begin{pmatrix}x_1\\x_2\\x_3\end{pmatrix}=c\begin{pmatrix}-2\\1\\1\end{pmatrix}+\begin{pmatrix}-1\\2\\0\end{pmatrix}\ (c\text{为任意常数}).$$

总习题 2

1. 填空题.

(1) n 元线性方程组 $\boldsymbol{Ax}=\boldsymbol{b}$ 无解的充要条件是____________；有唯一解的充要条件是____________；有无穷多个解的充要条件是____________；

(2) n 元齐次线性方程组 $\boldsymbol{Ax}=\boldsymbol{0}$ 有非零解的充要条件是____________；

(3) 向量 $\boldsymbol{b}$ 能由向量组 $\boldsymbol{\alpha}_1$，$\boldsymbol{\alpha}_2$，…，$\boldsymbol{\alpha}_m$ 线性表示的充要条件是____________；

(4) 向量组 $\boldsymbol{\alpha}_1$，$\boldsymbol{\alpha}_2$，…，$\boldsymbol{\alpha}_m$ 线性相关的充要条件是____________；向量组 $\boldsymbol{\alpha}_1$，$\boldsymbol{\alpha}_2$，…，$\boldsymbol{\alpha}_m$ 线性无关的充要条件是____________；

(5) 若 $R(\boldsymbol{A})=3$，则 4 元齐次线性方程组 $\boldsymbol{Ax}=\boldsymbol{0}$ 的基础解系中含有________个向量；

(6) 设 $\boldsymbol{A}=\begin{pmatrix}3&1&2&4\\0&0&5&1\\0&2&3&2\\0&0&0&0\end{pmatrix}$，则 $R(\boldsymbol{A})=$________；

(7) 若齐次线性方程组 $\begin{cases}x_1+kx_2+x_3=0,\\2x_1+x_2+x_3=0,\\(1-2k)x_2+kx_3=0\end{cases}$ 只有零解，则 k 应满足的条件是________.

2. 判断下列向量组的线性相关性.

(1) $\boldsymbol{\alpha}_1=(-1,3,1)^{\mathrm{T}}$，$\boldsymbol{\alpha}_2=(2,1,0)^{\mathrm{T}}$，$\boldsymbol{\alpha}_3=(1,4,1)^{\mathrm{T}}$；

(2) $\boldsymbol{\alpha}_1=(2,3,0)^{\mathrm{T}}$，$\boldsymbol{\alpha}_2=(-1,4,0)^{\mathrm{T}}$，$\boldsymbol{\alpha}_3=(0,0,2)^{\mathrm{T}}$；

(3) $\boldsymbol{\alpha}_1=(1,0,2,1)^{\mathrm{T}}$，$\boldsymbol{\alpha}_2=(1,1,1,1)^{\mathrm{T}}$，$\boldsymbol{\alpha}_3=$

$(2, 1, 3, 2)^T$，$\boldsymbol{\alpha}_4 = (2, 5, -1, 4)^T$.

3. 设 $\boldsymbol{A} = (\boldsymbol{\alpha}_1, \boldsymbol{\alpha}_2, \boldsymbol{\alpha}_3, \boldsymbol{\alpha}_4) = \begin{pmatrix} 1 & 1 & -2 & 1 \\ 2 & -1 & -1 & -1 \\ 4 & -6 & 2 & -4 \end{pmatrix}$，求 $\boldsymbol{A}$ 的列向量组的最大无关组，并把不属于最大无关组的向量用最大无关组表示出来.

4. 判断线性方程组 $\begin{cases} -3x_2 + 3x_3 = 0, \\ x_1 - 2x_2 + x_3 = 1, \\ x_1 + x_2 - 2x_3 = 1 \end{cases}$ 是否有解，若有解求其通解，并给出对应的齐次线性方程组的基础解系.

5. 当 λ 取何值时，非齐次线性方程组

$$\begin{cases} \lambda x_1 + x_2 + x_3 = 1, \\ x_1 + \lambda x_2 + x_3 = 1, \\ x_1 + x_2 + \lambda x_3 = 1 \end{cases}$$

（1）无解；（2）有唯一解；（3）有无穷多个解？

第3章 行列式

行列式是线性代数中的一个重要概念．本章主要介绍 n 阶行列式的定义、性质及其计算方法，此外还要介绍行列式的重要应用．

3.1 n 阶行列式的定义

3.1.1 二元线性方程组与二阶行列式

引例 对于含两个未知量、两个方程的线性方程组

$$\begin{cases} a_{11}x_1 + a_{12}x_2 = b_1, \\ a_{21}x_1 + a_{22}x_2 = b_2, \end{cases} \tag{3-1}$$

利用消元法，得

$$(a_{11}a_{22} - a_{12}a_{21})x_1 = b_1a_{22} - b_2a_{12},$$
$$(a_{11}a_{22} - a_{12}a_{21})x_2 = b_2a_{11} - b_1a_{21},$$

当 $a_{11}a_{22} - a_{12}a_{21} \neq 0$ 时，方程组（3-1）有唯一解

$$x_1 = \frac{b_1a_{22} - a_{12}b_2}{a_{11}a_{22} - a_{12}a_{21}}, x_2 = \frac{a_{11}b_2 - b_1a_{21}}{a_{11}a_{22} - a_{12}a_{21}}. \tag{3-2}$$

为了便于记忆式（3-2），我们引入记号

$$\begin{vmatrix} a_{11} & a_{12} \\ a_{21} & a_{22} \end{vmatrix}$$

定义 3.1 记号 $\begin{vmatrix} a_{11} & a_{12} \\ a_{21} & a_{22} \end{vmatrix}$ 表示代数和 $a_{11}a_{22} - a_{12}a_{21}$，称为**二阶行列式**，即

$$\begin{vmatrix} a_{11} & a_{12} \\ a_{21} & a_{22} \end{vmatrix} = a_{11}a_{22} - a_{12}a_{21}.$$

其中 a_{11}，a_{12}，a_{21}，a_{22} 称为行列式的**元素**或**元**；横排称为**行**；竖排称为**列**．元素 a_{ij} 的第一个下标 i 称为**行标**，表示该元

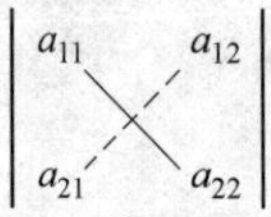

图 3-1

素位于第 i 行，第二个下标 j 称为**列标**，表示该元素位于第 j 列．这个规律性表现在行列式的记号中就是“**对角线法则**”．如图 3-1 所示，把 a_{11} 到 a_{22} 的实连线称为**主对角线**，把 a_{12} 到 a_{21} 的虚连线称为**副对角线**，于是，二阶行列式等于主对角线上两元素之积减去副对角线上两元素之积．

利用二阶行列式的概念，式（3-2）中的分子也可写成二阶行列式，即

$$b_1a_{22}-a_{12}b_2=\begin{vmatrix} b_1 & a_{12} \\ b_2 & a_{22} \end{vmatrix},a_{11}b_2-b_1a_{21}=\begin{vmatrix} a_{11} & b_1 \\ a_{21} & b_2 \end{vmatrix}.$$

若记

$$D=\begin{vmatrix} a_{11} & a_{12} \\ a_{21} & a_{22} \end{vmatrix},D_1=\begin{vmatrix} b_1 & a_{12} \\ b_2 & a_{22} \end{vmatrix},D_2=\begin{vmatrix} a_{11} & b_1 \\ a_{21} & b_2 \end{vmatrix},$$

那么式（3-2）可写成

$$x_1=\frac{D_1}{D}=\frac{\begin{vmatrix} b_1 & a_{12} \\ b_2 & a_{22} \end{vmatrix}}{\begin{vmatrix} a_{11} & a_{12} \\ a_{21} & a_{22} \end{vmatrix}},x_2=\frac{D_2}{D}=\frac{\begin{vmatrix} a_{11} & b_1 \\ a_{21} & b_2 \end{vmatrix}}{\begin{vmatrix} a_{11} & a_{12} \\ a_{21} & a_{22} \end{vmatrix}}.$$

注意这里的分母 D 是由方程组（3-1）的系数所确定的二阶行列式（称为**系数行列式**），x_1 的分子 D_1 是用常数列 b_1，b_2 替换 D 中 x_1 的系数列 a_{11}，a_{21} 所得的二阶行列式，x_2 的分子 D_2 是用常数列 b_1，b_2 替换 D 中 x_2 的系数列 a_{12}，a_{22} 所得的二阶行列式．

这样，求解二元一次线性方程组就归结为求三个二阶行列式的值．像这样用行列式来表示解的形式简便且容易记忆．

例 3.1 求解二元线性方程组

$$\begin{cases} 2x_1+4x_2=1, \\ 3x_1+5x_2=2. \end{cases}$$

解 由于

$$D=\begin{vmatrix} 2 & 4 \\ 3 & 5 \end{vmatrix}=10-12=-2\neq 0,$$

$$D_1=\begin{vmatrix} 1 & 4 \\ 2 & 5 \end{vmatrix}=5-8=-3,$$

$$D_2=\begin{vmatrix} 2 & 1 \\ 3 & 2 \end{vmatrix}=4-3=1,$$

因此 $x_1=\frac{D_1}{D}=\frac{3}{2}$，$x_2=\frac{D_2}{D}=-\frac{1}{2}$.

3.1.2 三阶行列式

定义 3.2 记号 $\begin{vmatrix} a_{11} & a_{12} & a_{13} \\ a_{21} & a_{22} & a_{23} \\ a_{31} & a_{32} & a_{33} \end{vmatrix}$ 表示代数和

$a_{11}a_{22}a_{33}+a_{12}a_{23}a_{31}+a_{13}a_{21}a_{32}-a_{13}a_{22}a_{31}-a_{12}a_{21}a_{33}-a_{11}a_{23}a_{32}$，称为**三阶行列式**，即

$$\begin{vmatrix} a_{11} & a_{12} & a_{13} \\ a_{21} & a_{22} & a_{23} \\ a_{31} & a_{32} & a_{33} \end{vmatrix}=a_{11}a_{22}a_{33}+a_{12}a_{23}a_{31}+a_{13}a_{21}a_{32}-a_{13}a_{22}a_{31}-a_{12}a_{21}a_{33}-a_{11}a_{23}a_{32}.$$

三阶行列式所表示的代数和可按图 3-2 中的 6 条连线记忆：实线上三个元素相乘得到的积前冠以“+”号，虚线上三个元素相乘得到的积前冠以“-”号，这称为**三阶行列式的对角线法则**.

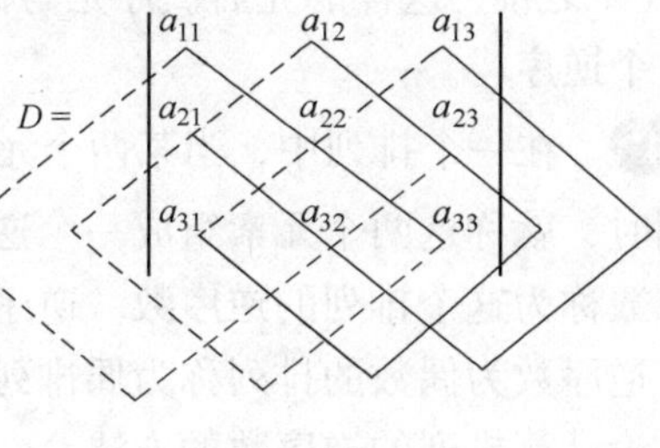

图 3-2

例 3.2 计算三阶行列式 $D=\begin{vmatrix} 1 & 2 & 3 \\ 4 & 0 & 5 \\ -1 & 0 & 6 \end{vmatrix}$.

解 按对角线法则，有

$$\begin{aligned} D &=1\times0\times6+2\times5\times(-1)+3\times4\times0-3\times0\times(-1)-2\times4\times6-1\times5\times0 \\ &=-10-48=-58. \end{aligned}$$

例 3.3 求解方程 $D=\begin{vmatrix} 1 & 1 & 1 \\ 2 & 3 & x \\ 4 & 9 & x^2 \end{vmatrix}=0$.

解 方程左端

$$
\begin{aligned}
D &= 3x^2+4x+18-12-2x^2-9x \\
&= x^2-5x+6,
\end{aligned}
$$

由 $x^2-5x+6=0$，解得 $x=2$ 或 $x=3$.

对角线法则只适用于二阶与三阶行列式，为了研究四阶及更高阶的行列式，下面介绍 n 阶行列式的概念.

3.1.3 n 阶行列式

1. 排列与逆序

定义 3.3 把 n 个不同的元素 1，2，…，n 排成一列，称为这 n 个元素的**全排列**（也简称排列）.

例 3.4 写出自然数 1，2，3 的所有全排列.

解 自然数 1，2，3 的全排列共有 6 个：

123，132，213，231，312，321.

规定由小到大为标准次序. 全排列 123 的各个元素是按照由小到大的标准次序排列的，称为**标准排列**. 在其他的全排列中，都可以找到一个大数排在一个小数的前面. 例如，在排列 231 中，2 排在 1 之前. 这样的先后次序是与标准次序相反的，我们称它为 1 个**逆序**.

定义 3.4 在一个排列中，当某两个元素的先后次序与标准次序不同时，就称这两个元素组成一个**逆序**. 一个排列中所有逆序的总数称为这个排列的**逆序数**. 逆序数为奇数的排列称为**奇排列**，逆序数为偶数的排列称为**偶排列**.

下面来讨论计算排列的逆序数的方法.

不失一般性，不妨设 n 个元素为 1 至 n 这 n 个自然数，并规定由小到大为标准次序. 设 $p_1p_2\cdots p_n$ 为这 n 个自然数的一个排列，考虑元素 p_i（$i=1, 2, \cdots, n$），如果比 p_i 大的且排在 p_i 前面的元素有 t_i 个，就说 p_i 这个元素的逆序数是 t_i. 全体元素的逆序数的和

$$
t = t_1 + t_2 + \cdots + t_n = \sum_{i=1}^{n} t_i
$$

即是这个排列的逆序数.

例 3.5 求排列 2 4 1 3 的逆序数.

解 在排列 2 4 1 3 中：

2 排在首位，逆序数为 0；

4 是最大的数，逆序数为 0；

1 的前面比 1 大的数有两个（2，4），故逆序数为 2；

3 的前面比 3 大的数有一个（4），故逆序数为 1.

所以，排列 2 4 1 3 的逆序数 $t=0+0+2+1=3$，为奇排列.

2. *n* 阶行列式的定义

观察三阶行列式

$$\begin{vmatrix} a_{11} & a_{12} & a_{13} \\ a_{21} & a_{22} & a_{23} \\ a_{31} & a_{32} & a_{33} \end{vmatrix} = a_{11}a_{22}a_{33} + a_{12}a_{23}a_{31} + a_{13}a_{21}a_{32} - a_{13}a_{22}a_{31} - a_{12}a_{21}a_{33} - a_{11}a_{23}a_{32}.$$

易见：

1）三阶行列式共有 6 =3！项；

2）每项都是取自不同行不同列的三个元素的乘积；

3）每一项可以写成 $a_{1p_1}a_{2p_2}a_{3p_3}$（正负号除外），其中 $p_1p_2p_3$ 是 1，2，3 的某个排列；

4）每项的符号是：当该项各元素的行标按自然顺序排列后，若对应的列标构成的排列是偶排列则取正号，是奇排列则取负号.

故三阶行列式可定义为

$$\begin{vmatrix} a_{11} & a_{12} & a_{13} \\ a_{21} & a_{22} & a_{23} \\ a_{31} & a_{32} & a_{33} \end{vmatrix} = \sum_{p_1p_2p_3} (-1)^t a_{1p_1}a_{2p_2}a_{3p_3},$$

其中 t 为排列 $p_1p_2p_3$ 的逆序数，$\sum\limits_{p_1p_2p_3}$ 表示对 1，2，3 三个数的所有全排列 $p_1p_2p_3$ 的对应项取和.

由此，可以把行列式推广到一般情形.

定义 3.5 由 n^2 个元素 a_{ij}（i，$j=1$，2，…，n）组成的记号

$$\begin{vmatrix} a_{11} & a_{12} & \cdots & a_{1n} \\ a_{21} & a_{22} & \cdots & a_{2n} \\ \vdots & \vdots & & \vdots \\ a_{n1} & a_{n2} & \cdots & a_{nn} \end{vmatrix}$$

称为 n **阶行列式**，其中横排称为**行**，竖排称为**列**，它表示所有取自不同行、不同列的 n 个元素乘积 $a_{1p_1}a_{2p_2}\cdots a_{np_n}$ 的代数和，各项的符号是：当该项各元素的行标按自然顺序排列后，若对应的列标构成的排列是偶排列则取正号，是奇排列则取负号. 即

$$\begin{vmatrix} a_{11} & a_{12} & \cdots & a_{1n} \\ a_{21} & a_{22} & \cdots & a_{2n} \\ \vdots & \vdots & & \vdots \\ a_{n1} & a_{n2} & \cdots & a_{nn} \end{vmatrix} = \sum_{p_1p_2\cdots p_n} (-1)^{t(p_1p_2\cdots p_n)} a_{1p_1}a_{2p_2}\cdots a_{np_n},$$

其中，$\sum\limits_{p_1p_2\cdots p_n}$ 表示对所有 n 阶排列 $p_1p_2\cdots p_n$ 求和. 行列式简记为 $\det(a_{ij})$，其中数 a_{ij} 为行列式的 $(i,\ j)$ 元，$(-1)^{t(p_1p_2\cdots p_n)}a_{1p_1}a_{2p_2}\cdots a_{np_n}$ 为行列式的一般项.

注 按此定义的二阶、三阶行列式，与用对角线法则定义的二阶、三阶行列式显然是一致的. 当 $n=1$ 时，一阶行列式 $|a|=a$，注意不要与绝对值的记号相混淆.

例 3.6 计算行列式 $D=\begin{vmatrix} 0 & 0 & 0 & 1 \\ 0 & 0 & 2 & 0 \\ 0 & 3 & 0 & 0 \\ 4 & 0 & 0 & 0 \end{vmatrix}$.

解 按行列式定义，D 的展开项中共有 $4!=24$ 项，其一般项为

$$(-1)^{t(p_1p_2p_3p_4)}a_{1p_1}a_{2p_2}a_{3p_3}a_{4p_4}.$$

现考察不为零的项. a_{1p_1} 取自第一行，但只有 $a_{14}\neq 0$，故 p_1 只可能为4，同理可得 $p_2=3$，$p_3=2$，$p_4=1$. 即行列式中不为零的项只有 $(-1)^{t(4321)}1\cdot 2\cdot 3\cdot 4=24$，所以 $D=24$.

此例表明：对角线法则只适用于二阶或三阶行列式，对于四阶及以上的行列式不能应用对角线法则.

注 一般地，可得下列结果：

$$\begin{vmatrix} 0 & \cdots & 0 & a_{1n} \\ 0 & \cdots & a_{2,n-1} & 0 \\ \vdots & & \vdots & \vdots \\ a_{n1} & \cdots & 0 & 0 \end{vmatrix} = (-1)^{\frac{n(n-1)}{2}}a_{1n}a_{2,n-1}\cdots a_{n1}.$$

特别地，非主对角线上元素全为0的行列式称为**对角行列式**，而对角线以下（上）的元素全为0的行列式称为**上（下）三角形行列式**.

例3.7 计算上三角形行列式 $\begin{vmatrix} a_{11} & a_{12} & \cdots & a_{1n} \\ 0 & a_{22} & \cdots & a_{2n} \\ \vdots & \vdots & & \vdots \\ 0 & 0 & \cdots & a_{nn} \end{vmatrix}$ $(a_{11}a_{22}\cdots a_{nn}\neq 0)$.

解 n 阶行列式的一般项为 $(-1)^{t(p_1p_2\cdots p_n)}a_{1p_1}a_{2p_2}\cdots a_{np_n}$，现考察不为零的项. a_{np_n} 取自第 n 行，但只有 $a_{nn}\neq 0$，故 p_n 只能取 n；$a_{n-1,p_{n-1}}$ 取自第 $n-1$ 行，只有 $a_{n-1,n-1}$ 及 $a_{n-1,n}$ 不为零，因 a_{nn} 取自第 n 列，故 $a_{n-1,p_{n-1}}$ 不能取自第 n 列，从而 $p_{n-1}=n-1$；同理可得，$p_{n-2}=n-2$，…，$p_1=1$. 所以不为零的项只有 $(-1)^{t(12\cdots n)}a_{11}a_{22}\cdots a_{nn}=a_{11}a_{22}\cdots a_{nn}$，故

$$\begin{vmatrix} a_{11} & a_{12} & \cdots & a_{1n} \\ 0 & a_{22} & \cdots & a_{2n} \\ \vdots & \vdots & & \vdots \\ 0 & 0 & \cdots & a_{nn} \end{vmatrix}=a_{11}a_{22}\cdots a_{nn}.$$

注 类似可得下三角形行列式

$$D=\begin{vmatrix} a_{11} & 0 & \cdots & 0 \\ a_{21} & a_{22} & \cdots & 0 \\ \vdots & \vdots & & \vdots \\ a_{n1} & a_{n2} & \cdots & a_{nn} \end{vmatrix}=a_{11}a_{22}\cdots a_{nn};$$

对角行列式

$$D=\begin{vmatrix} a_{11} & 0 & \cdots & 0 \\ 0 & a_{22} & \cdots & 0 \\ \vdots & \vdots & & \vdots \\ 0 & 0 & \cdots & a_{nn} \end{vmatrix}=a_{11}a_{22}\cdots a_{nn}.$$

思考题 分析行列式与矩阵的区别.

习题3.1

1. 利用对角线法则计算下列三阶行列式.

(1) $\begin{vmatrix} 1 & 0 & 2 \\ 2 & 1 & 0 \\ 0 & 2 & 1 \end{vmatrix}$;　　(2) $\begin{vmatrix} 1 & 2 & 3 \\ 4 & 0 & 5 \\ -1 & 0 & 6 \end{vmatrix}$;

(3) $\begin{vmatrix} a & b & c \\ b & c & a \\ c & a & b \end{vmatrix}$.

2. 按自然数从小到大为标准次序，求下列各排列的逆序数.

(1) 1 2 3 4;　　(2) 5 2 4 1 3;

(3) 4 1 5 3 2;　　(4) 3 4 7 9 8 6 5 1 2.

3. 写出四阶行列式中含有因子 $a_{11}a_{23}$ 的项.

4. 设 $D=\begin{vmatrix} a & b & 0 \\ -b & a & 0 \\ 1 & 0 & 1 \end{vmatrix}$，求当 a，b 满足什么条件时，有 $D=0$.

3.2 行列式的性质及计算

3.2.1 行列式的性质

设 n 阶行列式

$$D=\begin{vmatrix} a_{11} & a_{12} & \cdots & a_{1n} \\ a_{21} & a_{22} & \cdots & a_{2n} \\ \vdots & \vdots & & \vdots \\ a_{n1} & a_{n2} & \cdots & a_{nn} \end{vmatrix},$$

将 D 的行与同序数的列互换后所得到的行列式

$$\begin{vmatrix} a_{11} & a_{21} & \cdots & a_{n1} \\ a_{12} & a_{22} & \cdots & a_{n2} \\ \vdots & \vdots & & \vdots \\ a_{1n} & a_{2n} & \cdots & a_{nn} \end{vmatrix}$$

称为 D 的**转置行列式**，记作 D^{T}.

性质1 行列式与它的转置行列式相等.

证明 例证：记 $D=\begin{vmatrix}1&2&1\\0&0&1\\2&1&3\end{vmatrix}$，则 $D^{\mathrm{T}}=\begin{vmatrix}1&0&2\\2&0&1\\1&1&3\end{vmatrix}$，由对角线法则，得 $D=3$，$D^{\mathrm{T}}=3$. 所以 $D=D^{\mathrm{T}}$.

注 行列式中行与列具有同等的地位，行列式的性质对行成立的，对列同样也成立.

性质2 互换行列式的两行(列)，行列式变号.

证明 例证：由对角线法则

$$\begin{vmatrix}1&2&1\\0&0&1\\2&1&3\end{vmatrix}=3,\quad \begin{vmatrix}0&0&1\\1&2&1\\2&1&3\end{vmatrix}=-3.$$

注 交换 i，j 两行(列)记为 $r_i\leftrightarrow r_j(c_i\leftrightarrow c_j)$.

推论 如果行列式有两行(列)完全相同，则行列式等于零.

证明 把这两行互换，有 $D=-D$，故 $D=0$.

性质3 行列式的某一行(列)中所有的元素都乘以同一数 k，等于用数 k 乘此行列式.

第 i 行(或列)乘以 k，记作 $r_i\times k$(或 $c_i\times k$).

推论 行列式中某一行(列)的所有元素的公因子可以提到行列式记号的外面.

第 i 行(或列)提出公因子 k，记作 $r_i\div k$(或 $c_i\div k$).

性质4 行列式中如果有两行(列)元素成比例，则此行列式等于零.

证明 由性质3的推论和性质2的推论得，$D=0$.

性质5 若行列式的某一列(行)元素都是两数之和，例如，第 i 列的元素都是两数之和：

$$D=\begin{vmatrix}a_{11}&a_{12}&\cdots&(a_{1i}+a'_{1i})&\cdots&a_{1n}\\a_{21}&a_{22}&\cdots&(a_{2i}+a'_{2i})&\cdots&a_{2n}\\\vdots&\vdots&&\vdots&&\vdots\\a_{n1}&a_{n2}&\cdots&(a_{ni}+a'_{ni})&\cdots&a_{nn}\end{vmatrix},$$

则 D 等于下列两个行列式之和，即

$$D=\begin{vmatrix} a_{11} & a_{12} & \cdots & a_{1i} & \cdots & a_{1n} \\ a_{21} & a_{22} & \cdots & a_{2i} & \cdots & a_{2n} \\ \vdots & \vdots & & \vdots & & \vdots \\ a_{n1} & a_{n2} & \cdots & a_{ni} & \cdots & a_{nn} \end{vmatrix}+\begin{vmatrix} a_{11} & a_{12} & \cdots & a'_{1i} & \cdots & a_{1n} \\ a_{21} & a_{22} & \cdots & a'_{2i} & \cdots & a_{2n} \\ \vdots & \vdots & & \vdots & & \vdots \\ a_{n1} & a_{n2} & \cdots & a'_{ni} & \cdots & a_{nn} \end{vmatrix}.$$

注 上述结果可推广到有限个和的情形．

性质 6 把行列式的某一行(列)的各元素乘以同一个数然后加到另一行(列)对应的元素上去，行列式的值不变．

第 j 行(列)乘以数 k 加到第 i 行(列)上，记作

$$r_i+kr_j\ (c_i+kc_j).$$

3.2.2 行列式的计算

计算行列式时，常利用行列式的性质，把它化为上三角形行列式来计算．化为上三角形行列式的步骤是：如果第一列第一列元素为 0，先将第一行与其他行交换使得第一行第一列元素不为 0，然后把第一行分别乘以适当的数加到其他各行，使得第一列除第一个元素外其余元素全为 0；再用同样的方法处理除去第一行和第一列后余下的低一阶行列式；如此继续下去，直至使它成为上三角形行列式，这时主对角线上元素的乘积就是所求行列式的值．

例 3.8 计算 $D=\begin{vmatrix} 1 & 0 & 1 \\ 1 & 1 & 0 \\ -2 & 1 & 1 \end{vmatrix}$.

解 $D=\begin{vmatrix} 1 & 0 & 1 \\ 1 & 1 & 0 \\ -2 & 1 & 1 \end{vmatrix}\xlongequal[r_3+2r_1]{r_2-r_1}\begin{vmatrix} 1 & 0 & 1 \\ 0 & 1 & -1 \\ 0 & 1 & 3 \end{vmatrix}$

$\xlongequal{r_3-r_2}\begin{vmatrix} 1 & 0 & 1 \\ 0 & 1 & -1 \\ 0 & 0 & 4 \end{vmatrix}=4.$

例 3.9 计算 $D=\begin{vmatrix}0&-1&-1&2\\1&-1&0&2\\-1&2&-1&0\\2&1&1&0\end{vmatrix}$.

解 $D\xlongequal{r_1\leftrightarrow r_2}-\begin{vmatrix}1&-1&0&2\\0&-1&-1&2\\-1&2&-1&0\\2&1&1&0\end{vmatrix}$

$$\xlongequal[r_4-2r_1]{r_3+r_1}-\begin{vmatrix}1&-1&0&2\\0&-1&-1&2\\0&1&-1&2\\0&3&1&-4\end{vmatrix}$$

$$\xlongequal[r_4+3r_2]{r_3+r_2}-\begin{vmatrix}1&-1&0&2\\0&-1&-1&2\\0&0&-2&4\\0&0&-2&2\end{vmatrix}$$

$$\xlongequal{r_4-r_3}-\begin{vmatrix}1&-1&0&2\\0&-1&-1&2\\0&0&-2&4\\0&0&0&-2\end{vmatrix}=4.$$

利用行列式的性质将行列式化为上(下)三角行列式，这种方法比直接用定义计算行列式减少了计算量. 这种算法很机械，且适用性广，是一种通用的计算方法. 在计算过程中，原则上应尽量避免出现分数的运算. 在不同情况下，要计算的行列式的元素常常具有一定的特点，如何利用这些特点，以尽量少的计算量计算出行列式的值是一个十分重要的问题. 这里有不少的计算技巧. 下面看一个例子.

例 3.10 计算 $D=\begin{vmatrix}2&1&1&1\\1&2&1&1\\1&1&2&1\\1&1&1&2\end{vmatrix}$.

解 注意到行列式中各列(行)4 个数之和都为 5. 故可把第 2，3，4 行(列)同时加到第一行(列)，提出公因子 5，然后各行减去第一行后化为上三角形行列式来计算：

$$D=\begin{vmatrix}2&1&1&1\\1&2&1&1\\1&1&2&1\\1&1&1&2\end{vmatrix}=5\begin{vmatrix}1&1&1&1\\1&2&1&1\\1&1&2&1\\1&1&1&2\end{vmatrix}=5\begin{vmatrix}1&1&1&1\\0&1&0&0\\0&0&1&0\\0&0&0&1\end{vmatrix}=5.$$

注 仿照上述方法可得到更一般的结果：

$$\begin{vmatrix}a&b&b&\cdots&b\\b&a&b&\cdots&b\\\vdots&\vdots&\vdots&&\vdots\\b&b&b&\cdots&a\end{vmatrix}=[a+(n-1)b](a-b)^{n-1}.$$

例 3.11 设 $D=\begin{vmatrix}a_{11}&\cdots&a_{1k}&&&\\\vdots&&\vdots&&\boldsymbol{O}&\\a_{k1}&\cdots&a_{kk}&&&\\c_{11}&\cdots&c_{1k}&b_{11}&\cdots&b_{1n}\\\vdots&&\vdots&\vdots&&\vdots\\c_{n1}&\cdots&c_{nk}&b_{n1}&\cdots&b_{nn}\end{vmatrix}$，$D_1=$ $\begin{vmatrix}a_{11}&\cdots&a_{1k}\\\vdots&&\vdots\\a_{k1}&\cdots&a_{kk}\end{vmatrix}$，$D_2=\begin{vmatrix}b_{11}&\cdots&b_{1n}\\\vdots&&\vdots\\b_{n1}&\cdots&b_{nn}\end{vmatrix}$，证明：$D=D_1D_2$.

证明 对 D_1 作初等行变换 r_i+kr_j，把 D_1 化为下三角形行列式，设为

$$D_1=\begin{vmatrix}p_{11}&&\boldsymbol{O}\\\vdots&\ddots&\\p_{k1}&\cdots&p_{kk}\end{vmatrix}=p_{11}\cdots p_{kk};$$

对 D_2 作初等列变换 c_i+kc_j，把 D_2 化为下三角形行列式，设为

$$D_2=\begin{vmatrix}q_{11}&&\boldsymbol{O}\\\vdots&\ddots&\\q_{n1}&\cdots&q_{nn}\end{vmatrix}=q_{11}\cdots q_{nn}.$$

于是，对 D 的前 k 行作初等行变换 r_i+kr_j，再对后 n 列作初等

列变换 $c_i + kc_j$，把 D 化为下三角形行列式

$$D=\begin{vmatrix} p_{11} & & & & & \\ \vdots & \ddots & & & \boldsymbol{O} & \\ p_{k1} & \cdots & p_{kk} & & & \\ c_{11} & \cdots & c_{1k} & q_{11} & & \\ \vdots & & \vdots & \vdots & \ddots & \\ c_{n1} & \cdots & c_{nk} & q_{n1} & \cdots & q_{nn} \end{vmatrix},$$

故 $D=p_{11}\cdots p_{kk}q_{11}\cdots q_{nn}=D_1D_2$.

思考题 计算 $D=\begin{vmatrix} 1991 & 1992 & 1993 \\ 1994 & 1995 & 1996 \\ 1997 & 1998 & 1999 \end{vmatrix}$.

习题3.2

1. 设 $D=\begin{vmatrix} a_{11} & a_{12} & a_{13} \\ a_{21} & a_{22} & a_{23} \\ a_{31} & a_{32} & a_{33} \end{vmatrix}=m\neq 0$，则行列式

$D_1=\begin{vmatrix} a_{12} & 2a_{11} & -a_{13} \\ a_{22} & 2a_{21} & -a_{23} \\ a_{32} & 2a_{31} & -a_{33} \end{vmatrix}$ 的值为________.

2. 利用行列式性质计算下列行列式.

（1）$\begin{vmatrix} 1 & 1 & 1 \\ 0 & 1 & 2 \\ 1 & 2 & 3 \end{vmatrix}$；　　（2）$\begin{vmatrix} 1 & 2 & 3 \\ 2 & 3 & 4 \\ 3 & 4 & 5 \end{vmatrix}$；

（3）$\begin{vmatrix} 103 & 100 & 4 \\ 199 & 200 & -5 \\ 301 & 300 & 0 \end{vmatrix}$；　　（4）$\begin{vmatrix} 1 & 2 & 3 & 4 \\ 2 & 3 & 4 & 1 \\ 3 & 4 & 1 & 2 \\ 4 & 1 & 2 & 3 \end{vmatrix}$.

3. 利用行列式的性质证明 $\begin{vmatrix} c & a & d & b \\ a & c & d & b \\ a & c & b & d \\ c & a & b & d \end{vmatrix}=0$.

3.3 行列式按行(列)展开及计算

3.3.1 行列式按一行(列)展开

引例 观察三阶行列式

$$\begin{vmatrix} a_{11} & a_{12} & a_{13} \\ a_{21} & a_{22} & a_{23} \\ a_{31} & a_{32} & a_{33} \end{vmatrix}$$

$$= a_{11}a_{22}a_{33} + a_{12}a_{23}a_{31} + a_{13}a_{21}a_{32} - a_{13}a_{22}a_{31} - a_{12}a_{21}a_{33} - a_{11}a_{23}a_{32}$$

$$= a_{11}(a_{22}a_{33} - a_{23}a_{32}) + a_{12}(a_{23}a_{31} - a_{21}a_{33}) + a_{13}(a_{21}a_{32} - a_{22}a_{31})$$

$$= a_{11}\begin{vmatrix} a_{22} & a_{23} \\ a_{32} & a_{33} \end{vmatrix} - a_{12}\begin{vmatrix} a_{21} & a_{23} \\ a_{31} & a_{33} \end{vmatrix} + a_{13}\begin{vmatrix} a_{21} & a_{22} \\ a_{31} & a_{32} \end{vmatrix} \tag{3-3}$$

从中得到这样的启示：三阶行列式可按第一行“展开”，对式(3-3)适当重新组合，易见该三阶行列式也可按其他行或列“展开”从而将三阶行列式的计算转化为二阶行列式的计算.

为了从更一般的角度来考虑用低阶行列式表示高阶行列式的问题，先引入余子式和代数余子式的概念.

定义 3.6 在 n 阶行列式 D 中，去掉元素 a_{ij} 所在的第 i 行和第 j 列后，余下的 $n-1$ 阶行列式，称为 D 中元素 a_{ij} 的**余子式**，记为 M_{ij}，再记 $A_{ij}=(-1)^{i+j}M_{ij}$，称 A_{ij} 为元素 a_{ij} 的**代数余子式**.

例如，在 $D=\begin{vmatrix} 1 & 2 & 3 \\ -2 & 4 & 7 \\ 6 & -2 & 5 \end{vmatrix}$ 中，第二行元素的余子式与代数余子式分别为

$$M_{21}=\begin{vmatrix} 2 & 3 \\ -2 & 5 \end{vmatrix}=16,\ A_{21}=(-1)^{2+1}M_{21}=-16,$$

$$M_{22}=\begin{vmatrix} 1 & 3 \\ 6 & 5 \end{vmatrix}=-13,\ A_{22}=(-1)^{2+2}M_{22}=-13,$$

$$M_{23}=\begin{vmatrix} 1 & 2 \\ 6 & -2 \end{vmatrix}=-14,\ A_{23}=(-1)^{2+3}M_{23}=14.$$

由式(3-3)及其后的分析可知，三阶行列式可由其任一行(列)的各元素与其对应的代数余子式乘积之和来计算. 一般地，对于任意 n 阶行列式此结论也成立.

定理 3.1 **[行列式按一行(列)展开定理]** **行列式等于它的任一行(列)的各元素与其对应的代数余子式乘积之和，即**

$$D = a_{i1}A_{i1} + a_{i2}A_{i2} + \cdots + a_{in}A_{in} \quad (i=1, 2, \cdots, n),$$

或

$$D = a_{1j}A_{1j} + a_{2j}A_{2j} + \cdots + a_{nj}A_{nj} \quad (j=1, 2, \cdots, n).$$

证明略.

例 3.12 按第三列展开并计算行列式

$$D = \begin{vmatrix} 1 & 2 & 3 & 4 \\ 1 & 0 & 1 & 2 \\ 3 & -1 & -1 & 0 \\ 1 & 2 & 0 & -5 \end{vmatrix}.$$

解 将 D 按第三列展开，则有

$$D = a_{13}A_{13} + a_{23}A_{23} + a_{33}A_{33} + a_{43}A_{43},$$

其中，$a_{13}=3$，$a_{23}=1$，$a_{33}=-1$，$a_{43}=0$，

$$A_{13} = (-1)^{1+3}\begin{vmatrix} 1 & 0 & 2 \\ 3 & -1 & 0 \\ 1 & 2 & -5 \end{vmatrix} = 19,$$

$$A_{23} = (-1)^{2+3}\begin{vmatrix} 1 & 2 & 4 \\ 3 & -1 & 0 \\ 1 & 2 & -5 \end{vmatrix} = -63,$$

$$A_{33} = (-1)^{3+3}\begin{vmatrix} 1 & 2 & 4 \\ 1 & 0 & 2 \\ 1 & 2 & -5 \end{vmatrix} = 18,$$

$$A_{43} = (-1)^{4+3}\begin{vmatrix} 1 & 2 & 4 \\ 1 & 0 & 2 \\ 3 & -1 & 0 \end{vmatrix} = -10,$$

所以

$$D = 3\times 19 + 1\times(-63) + (-1)\times 18 + 0\times(-10) = -24.$$

推论 1 一个 n 阶行列式，如果其中第 i 行所有元素除 (i, j) 元 a_{ij} 外都为零，那么此行列式等于 a_{ij} 与它的代数余子式

的乘积，即 $D=a_{ij}A_{ij}$.

例如，当 a_{ij} 位于第1行第1列时，即

$$D=\begin{vmatrix} a_{11} & 0 & \cdots & 0 \\ a_{21} & a_{22} & \cdots & a_{2n} \\ \vdots & \vdots & & \vdots \\ a_{n1} & a_{n2} & \cdots & a_{nn} \end{vmatrix}$$

或

$$D=\begin{vmatrix} a_{11} & a_{12} & \cdots & a_{1n} \\ 0 & a_{22} & \cdots & a_{2n} \\ \vdots & \vdots & & \vdots \\ 0 & a_{n2} & \cdots & a_{nn} \end{vmatrix},$$

则有 $D=a_{11}A_{11}=a_{11}M_{11}$.

推论 2 行列式某一行(列)的元素与另一行(列)的对应元素的代数余子式乘积之和等于零，即

$$a_{i1}A_{j1}+a_{i2}A_{j2}+\cdots+a_{in}A_{jn}=0 \quad (i\neq j),$$

或

$$a_{1i}A_{1j}+a_{2i}A_{2j}+\cdots+a_{ni}A_{nj}=0 \quad (i\neq j).$$

3.3.2 行列式的计算

行列式按一行(列)展开定理，在行列式的计算中有着非常重要的作用. 但直接应用按行(列)展开定理计算量较大，尤其是对于高阶行列式. 因此，计算行列式时，一般先用行列式性质将行列式中某一行(列)化为仅含有一个非零元素，再按推论1，化为低一阶的行列式，如此继续下去直到化为三阶或二阶行列式.

例 3.13 计算行列式

$$D=\begin{vmatrix} 0 & -1 & -1 & 2 \\ 1 & -1 & 0 & 2 \\ -1 & 2 & -1 & 0 \\ 2 & 1 & 1 & 0 \end{vmatrix}.$$

解 保留 a_{21}，把第一列其余元素化为0，然后按第一列展开，

$$D\xlongequal[r_4-2r_2]{r_3+r_2}\begin{vmatrix} 0 & -1 & -1 & 2 \\ 1 & -1 & 0 & 2 \\ 0 & 1 & -1 & 2 \\ 0 & 3 & 1 & -4 \end{vmatrix}$$

$$=(-1)^{2+1}\begin{vmatrix}-1 & -1 & 2\\ 1 & -1 & 2\\ 3 & 1 & -4\end{vmatrix}\xlongequal[r_3-3r_2]{r_1+r_2}-\begin{vmatrix}0 & -2 & 4\\ 1 & -1 & 2\\ 0 & 4 & -10\end{vmatrix}$$

$$=-(-1)^{2+1}\begin{vmatrix}-2 & 4\\ 4 & -10\end{vmatrix}=4.$$

例 3.14 设

$$D=\begin{vmatrix}1 & 2 & 1 & 4\\ 0 & -1 & 2 & 1\\ 1 & 0 & 1 & 3\\ 0 & 1 & 3 & 1\end{vmatrix},$$

D 的$(i,\ j)$元的余子式和代数余子式依次记作 M_{ij}和 A_{ij}，求

$$A_{11}+A_{12}+A_{13}+A_{14}\text{及 }M_{11}+M_{21}+M_{31}+M_{41}.$$

解 $A_{11}+A_{12}+A_{13}+A_{14}$等于用1，1，1，1 代替 D 的第一行所得的行列式，即

$$A_{11}+A_{12}+A_{13}+A_{14}=\begin{vmatrix}1 & 1 & 1 & 1\\ 0 & -1 & 2 & 1\\ 1 & 0 & 1 & 3\\ 0 & 1 & 3 & 1\end{vmatrix}\xlongequal{r_3-r_1}\begin{vmatrix}1 & 1 & 1 & 1\\ 0 & -1 & 2 & 1\\ 0 & -1 & 0 & 2\\ 0 & 1 & 3 & 1\end{vmatrix}$$

$$=(-1)^{1+1}\begin{vmatrix}-1 & 2 & 1\\ -1 & 0 & 2\\ 1 & 3 & 1\end{vmatrix}\xlongequal{c_3+2c_1}\begin{vmatrix}-1 & 2 & -1\\ -1 & 0 & 0\\ 1 & 3 & 3\end{vmatrix}$$

$$=(-1)(-1)^{2+1}\begin{vmatrix}2 & -1\\ 3 & 3\end{vmatrix}=9.$$

$$M_{11}+M_{21}+M_{31}+M_{41}=A_{11}-A_{21}+A_{31}-A_{41}$$

$$=\begin{vmatrix}1 & 2 & 1 & 4\\ -1 & -1 & 2 & 1\\ 1 & 0 & 1 & 3\\ -1 & 1 & 3 & 1\end{vmatrix}\xlongequal[\substack{r_3-r_1\\ r_4+r_1}]{r_2+r_1}\begin{vmatrix}1 & 2 & 1 & 4\\ 0 & 1 & 3 & 5\\ 0 & -2 & 0 & -1\\ 0 & 3 & 4 & 5\end{vmatrix}$$

$$=(-1)^{1+1}\begin{vmatrix}1 & 3 & 5\\ -2 & 0 & -1\\ 3 & 4 & 5\end{vmatrix}$$

$$\xlongequal{c_1-2c_3}\begin{vmatrix}-9 & 3 & 5\\ 0 & 0 & -1\\ -7 & 4 & 5\end{vmatrix}$$

$$=(-1)(-1)^{2+3}\begin{vmatrix}-9 & 3\\-7 & 4\end{vmatrix}=-15.$$

思考题 计算行列式

$$D=\begin{vmatrix}5 & 6 & 0 & 0\\1 & 5 & 6 & 0\\0 & 1 & 5 & 6\\0 & 0 & 1 & 5\end{vmatrix}.$$

习题3.3

1. 计算行列式 $D=\begin{vmatrix}1 & 2 & 3\\-2 & 1 & 1\\6 & -2 & 5\end{vmatrix}$ 中第2行元素的余子式和代数余子式.

2. 按第3列展开，计算行列式 $D=\begin{vmatrix}3 & 3 & -2\\1 & 9 & 0\\0 & 2 & 1\end{vmatrix}$.

3. 计算下列行列式.

(1) $D=\begin{vmatrix}2 & 1 & 7 & -1\\-1 & 2 & 4 & 3\\2 & 1 & 0 & -1\\3 & 2 & 2 & 1\end{vmatrix}$;

(2) $D=\begin{vmatrix}3 & 1 & -1 & 2\\-5 & 1 & 3 & -4\\2 & 0 & 1 & -1\\1 & -5 & 3 & -3\end{vmatrix}$.

4. 设 $D=\begin{vmatrix}1 & 2 & -1 & 6\\2 & 2 & 5 & 4\\0 & 2 & 2 & -5\\4 & 2 & 1 & 2\end{vmatrix}$ 求:

(1) $A_{12}+A_{22}+A_{32}+A_{42}$;　　(2) $M_{11}+M_{12}+M_{13}+M_{14}$，

其中 A_{ij} 是元素 a_{ij} 的代数余子式，M_{ij} 是元素 a_{ij} 的余子式.

3.4 方阵的行列式

3.4.1 伴随矩阵与求逆矩阵公式

定义 3.7 由 n 阶方阵 $\boldsymbol{A}$ 的元素所构成的行列式(各元素的位置不变)，称为**方阵 $\boldsymbol{A}$ 的行列式**，记作 $|\boldsymbol{A}|$ 或 $\det\boldsymbol{A}$.

注 方阵与行列式是两个不同的概念，n 阶方阵是由 n^2 个数按一定方式排成的数表，而 n 阶行列式则是这些数按一定的运算法则所确定的一个数值.

方阵 $\boldsymbol{A}$ 的行列式 $|\boldsymbol{A}|$ 满足以下性质(设 $\boldsymbol{A}$，$\boldsymbol{B}$ 均为 n 阶方阵，k 为常数)：

1) $|\boldsymbol{A}^{\mathrm{T}}| = |\boldsymbol{A}|$；　　2) $|k\boldsymbol{A}| = k^n|\boldsymbol{A}|$；

3) $|\boldsymbol{AB}| = |\boldsymbol{A}||\boldsymbol{B}|$.

注 对于 n 阶方阵 $\boldsymbol{A}$，$\boldsymbol{B}$，虽然一般 $\boldsymbol{AB}\neq\boldsymbol{BA}$，但

$$|\boldsymbol{AB}| = |\boldsymbol{A}||\boldsymbol{B}| = |\boldsymbol{B}||\boldsymbol{A}| = |\boldsymbol{BA}|.$$

下面介绍求矩阵 $\boldsymbol{A}$ 的逆矩阵 $\boldsymbol{A}^{-1}$ 的第二种方法. 我们先介绍矩阵 $\boldsymbol{A}$ 的伴随矩阵的概念.

定义 3.8 设 n 阶方阵

$$\boldsymbol{A} = \begin{pmatrix} a_{11} & a_{12} & \cdots & a_{1n} \\ a_{21} & a_{22} & \cdots & a_{2n} \\ \vdots & \vdots & & \vdots \\ a_{n1} & a_{n2} & \cdots & a_{nn} \end{pmatrix},$$

由 $\boldsymbol{A}$ 的行列式 $|\boldsymbol{A}|$ 中的元素 a_{ij} 的代数余子式 A_{ij} 构成的 n 阶方阵

$$\boldsymbol{A}^* = \begin{pmatrix} A_{11} & A_{21} & \cdots & A_{n1} \\ A_{12} & A_{22} & \cdots & A_{n2} \\ \vdots & \vdots & & \vdots \\ A_{1n} & A_{2n} & \cdots & A_{nn} \end{pmatrix}$$

称为矩阵 $\boldsymbol{A}$ 的**伴随矩阵**. 它是 $\boldsymbol{A}$ 的每一个元素换成其对应的代数余子式，然后转置得到的矩阵.

关于伴随矩阵，有下面的重要结论.

定理 3.2 **设 $n(n\geqslant 2)$ 阶方阵 A，则**

$$\boldsymbol{AA}^* = \boldsymbol{A}^*\boldsymbol{A} = |\boldsymbol{A}|\boldsymbol{E}.$$

证明

$$AA^* = \begin{pmatrix} a_{11} & a_{12} & \cdots & a_{1n} \\ a_{21} & a_{22} & \cdots & a_{2n} \\ \vdots & \vdots & & \vdots \\ a_{n1} & a_{n2} & \cdots & a_{nn} \end{pmatrix} \begin{pmatrix} A_{11} & A_{21} & \cdots & A_{n1} \\ A_{12} & A_{22} & \cdots & A_{n2} \\ \vdots & \vdots & & \vdots \\ A_{1n} & A_{2n} & \cdots & A_{nn} \end{pmatrix}$$

$$= \begin{pmatrix} |\boldsymbol{A}| & 0 & \cdots & 0 \\ 0 & |\boldsymbol{A}| & \cdots & 0 \\ \vdots & \vdots & & \vdots \\ 0 & 0 & \cdots & |\boldsymbol{A}| \end{pmatrix} = |\boldsymbol{A}|\boldsymbol{E}.$$

同理可得$\boldsymbol{A}^*\boldsymbol{A} = |\boldsymbol{A}|\boldsymbol{E}$. 所以,

$$\boldsymbol{AA}^* = \boldsymbol{A}^*\boldsymbol{A} = |\boldsymbol{A}|\boldsymbol{E}.$$

定理 3.3 **n 阶方阵 $\boldsymbol{A}$ 可逆的充分必要条件为 $|\boldsymbol{A}|\neq 0$，且当 $\boldsymbol{A}$ 可逆时，**

$$\boldsymbol{A}^{-1} = \frac{\boldsymbol{A}^*}{|\boldsymbol{A}|},$$

证明 必要性.

因为 $\boldsymbol{A}$ 可逆，故存在 n 阶方阵 $\boldsymbol{B}$，使 $\boldsymbol{AB} = \boldsymbol{E}$，等式两边取行列式，得 $|\boldsymbol{AB}| = |\boldsymbol{E}| = 1$，即 $|\boldsymbol{A}||\boldsymbol{B}| = 1$，故 $|\boldsymbol{A}|\neq 0$.

充分性

由于 $\boldsymbol{AA}^* = \boldsymbol{A}^*\boldsymbol{A} = |\boldsymbol{A}|\boldsymbol{E}$，又 $|\boldsymbol{A}|\neq 0$，故 $\boldsymbol{A}\dfrac{\boldsymbol{A}^*}{|\boldsymbol{A}|} = \dfrac{\boldsymbol{A}^*}{|\boldsymbol{A}|}\boldsymbol{A} = \boldsymbol{E}$，所以 $\boldsymbol{A}$ 可逆，而且 $\boldsymbol{A}^{-1} = \dfrac{\boldsymbol{A}^*}{|\boldsymbol{A}|}$.

由必要性证明过程易知，当 $\boldsymbol{A}$ 可逆时，$|\boldsymbol{A}^{-1}| = \dfrac{1}{|\boldsymbol{A}|}$；由定理 3.3 易知，若 $\boldsymbol{A}$ 为 n 阶可逆方阵，则 $|\boldsymbol{A}^*| = \left||\boldsymbol{A}|\boldsymbol{A}^{-1}\right| = |\boldsymbol{A}|^n|\boldsymbol{A}^{-1}| = |\boldsymbol{A}|^n\dfrac{1}{|\boldsymbol{A}|} = |\boldsymbol{A}|^{n-1}$.

若 n 阶方阵 $\boldsymbol{A}$ 的行列式 $|\boldsymbol{A}|\neq 0$，则称 $\boldsymbol{A}$ 为**非奇异矩阵**，否则称 $\boldsymbol{A}$ 为**奇异矩阵**. 根据定理 3.3 可知，n 阶方阵 $\boldsymbol{A}$ 可逆的充分必要条件是 $\boldsymbol{A}$ 为非奇异矩阵.

例 3.15 求二阶矩阵 $\boldsymbol{A} = \begin{pmatrix} 1 & 3 \\ 2 & 4 \end{pmatrix}$的逆矩阵.

解 $|\boldsymbol{A}| = -2 \neq 0$，故 $\boldsymbol{A}$ 可逆. $|\boldsymbol{A}|$中各元素的代数余子式为

$$A_{11}=4,\ A_{21}=-3,\ A_{12}=-2,\ A_{22}=1$$

所以 $\boldsymbol{A}^{-1}=\frac{1}{|\boldsymbol{A}|}\boldsymbol{A}^{*}=-\frac{1}{2}\begin{pmatrix}4 & -3\\ -2 & 1\end{pmatrix}$.

一般地，二阶矩阵 $\boldsymbol{A}=\begin{pmatrix}a & b\\ c & d\end{pmatrix}$的逆阵为 $\boldsymbol{A}^{-1}=\frac{1}{ad-bc}\begin{pmatrix}d & -b\\ -c & a\end{pmatrix}$(其中，$ad-bc\neq 0$).

例 3.16 求方阵 $\boldsymbol{A}=\begin{pmatrix}1 & 2 & 3\\ 2 & 2 & 1\\ 3 & 4 & 3\end{pmatrix}$的逆矩阵.

解 计算得$|\boldsymbol{A}|=2\neq 0$，知 $\boldsymbol{A}^{-1}$存在. 再计算$|\boldsymbol{A}|$的代数余子式

$$\begin{aligned} A_{11}&=2, & A_{12}&=-3, & A_{13}&=2,\\ A_{21}&=6, & A_{22}&=-6, & A_{23}&=2,\\ A_{31}&=-4, & A_{32}&=5, & A_{33}&=-2, \end{aligned}$$

得
$$\boldsymbol{A}^{*}=\begin{pmatrix}A_{11} & A_{21} & A_{31}\\ A_{12} & A_{22} & A_{32}\\ A_{13} & A_{23} & A_{33}\end{pmatrix}=\begin{pmatrix}2 & 6 & -4\\ -3 & -6 & 5\\ 2 & 2 & -2\end{pmatrix},$$

所以
$$\boldsymbol{A}^{-1}=\frac{\boldsymbol{A}^{*}}{|\boldsymbol{A}|}=\begin{pmatrix}1 & 3 & -2\\ -\frac{3}{2} & -3 & \frac{5}{2}\\ 1 & 1 & -1\end{pmatrix}.$$

3.4.2 再论矩阵的秩

这一部分讨论矩阵的秩与行列式的关系.

定义 3.9 在矩阵 $\boldsymbol{A}_{m\times n}$中，任取 k 行 k 列($k\leq m$，$k\leq n$)，位于这些行列交叉处的 k^2 个元素，不改变它们在 $\boldsymbol{A}$ 中所处的位置次序而得到的 k 阶行列式，称为矩阵 $\boldsymbol{A}$ 的 **k 阶子式**.

$m\times n$ 阶矩阵 $\boldsymbol{A}$ 的 k 阶子式共有 $\mathrm{C}_m^k\cdot\mathrm{C}_n^k$ 个.

定义 3.10 设在矩阵 $\boldsymbol{A}$ 中有一个不等于 0 的 r 阶子式 D，且所有 $r+1$ 阶子式(如果存在的话)全等于0，那么 D 称为

矩阵 $\boldsymbol{A}$ 的**最高阶非零子式**.

例如，在矩阵

$$\boldsymbol{A}=\begin{pmatrix}1&1&0&1\\-1&0&1&0\\2&2&-2&-2\end{pmatrix}$$

中，取第 1、2 行和 2、4 列，它们交叉点的元素所组成的二阶行列式

$$\begin{vmatrix}1&1\\0&0\end{vmatrix}$$

是 $\boldsymbol{A}$ 的一个二阶子式. 又取第 1、2、3 行和 1、2、4 列，它们交叉点的元素所组成的三阶行列式

$$\begin{vmatrix}1&1&1\\-1&0&0\\2&2&-2\end{vmatrix}=-4$$

是 $\boldsymbol{A}$ 的一个三阶非零子式.

定理 3.4 **矩阵 $\boldsymbol{A}$ 的秩等于 $\boldsymbol{A}$ 的非零子式的最高阶数(最高阶非零子式的阶数).**

证明略.

根据定理 3.4 可知，若矩阵 $\boldsymbol{A}$ 中有一个 r 阶非零子式，则 $R(\boldsymbol{A})\geqslant r$；若矩阵 $\boldsymbol{A}$ 中所有 r 阶子式全为 0，则 $R(\boldsymbol{A})<r$；若 $\boldsymbol{A}$ 为 n 阶方阵，且 $|\boldsymbol{A}|\neq 0$，则 $R(\boldsymbol{A})=n$.

定理 3.5 **(1) n 阶方阵 $\boldsymbol{A}$ 的秩等于 n 的充分必要条件是 $\boldsymbol{A}$ 的行列式不等于零.**

(2) n 阶方阵 $\boldsymbol{A}$ 的秩小于 n 的充分必要条件是 $\boldsymbol{A}$ 的行列式等于零.

证明略.

推论 1 n 阶方阵 $\boldsymbol{A}$ 的秩等于 n 的充分必要条件是 $\boldsymbol{A}$ 的列(行)向量组线性无关.

推论 2 n 个 n 维向量 $\boldsymbol{\alpha}_1$, $\boldsymbol{\alpha}_2$, …, $\boldsymbol{\alpha}_n$ 线性无关的充分必要条件是以它们为列(行)构成的 n 阶行列式 $D\neq 0$. 而 $\boldsymbol{\alpha}_1$, $\boldsymbol{\alpha}_2$, …, $\boldsymbol{\alpha}_n$ 线性相关的充分必要条件是以它们为列(行)构成的 n 阶行列式 $D=0$.

将推论 2 应用于判断 n 个 n 维向量是否线性相关是非常方便的.

这里，我们可得到求矩阵的秩的另一方法.

例 3.17 设矩阵

$$A=\begin{pmatrix}1 & 3 & 1 & 1\\ 4 & -1 & 2 & 0\\ 1 & 0 & 0 & 0\\ 0 & 0 & 0 & 0\end{pmatrix},$$

求 $R(A)$.

解 A 只有一个 4 阶子式，且 $|A|=0$. 而在 A 的 3 阶子式中有

$$\begin{vmatrix}1 & 3 & 1\\ 4 & -1 & 2\\ 1 & 0 & 0\end{vmatrix}=7\neq 0,$$

即 A 的非零子式的最高阶数为 3，所以 $R(A)=3$.

例 3.18 设

$$A=\begin{pmatrix}3 & 2 & 0 & 5 & 0\\ 3 & -2 & 3 & 6 & -1\\ 2 & 0 & 1 & 5 & -3\\ 1 & 6 & -4 & -1 & 4\end{pmatrix},$$

求矩阵 A 的秩，并求 A 的一个最高阶非零子式.

解 先求 A 的秩，为此对 A 作初等行变换化成行阶梯形矩阵

$$A=\begin{pmatrix}3 & 2 & 0 & 5 & 0\\ 3 & -2 & 3 & 6 & -1\\ 2 & 0 & 1 & 5 & -3\\ 1 & 6 & -4 & -1 & 4\end{pmatrix}$$

$$\underset{\substack{r_3-2r_1\\ r_4-3r_1}}{\overset{\substack{r_1\leftrightarrow r_4\\ r_2-r_4}}{\sim}}\begin{pmatrix}1 & 6 & -4 & -1 & 4\\ 0 & -4 & 3 & 1 & -1\\ 0 & -12 & 9 & 7 & -11\\ 0 & -16 & 12 & 8 & -12\end{pmatrix}$$

$$\underset{r_4-4r_2}{\overset{r_3-3r_2}{\sim}}\begin{pmatrix}1 & 6 & -4 & -1 & 4\\ 0 & -4 & 3 & 1 & -1\\ 0 & 0 & 0 & 4 & -8\\ 0 & 0 & 0 & 4 & -8\end{pmatrix}$$

$$\xrightarrow{r_4-r_3}\begin{pmatrix}1 & 6 & -4 & -1 & 4\\ 0 & -4 & 3 & 1 & -1\\ 0 & 0 & 0 & 4 & -8\\ 0 & 0 & 0 & 0 & 0\end{pmatrix},$$

因为行阶梯形矩阵有 3 个非零行，所以 $R(\boldsymbol{A})=3$.

再求 $\boldsymbol{A}$ 的一个最高阶非零子式. 由 $R(\boldsymbol{A})=3$ 可知 $\boldsymbol{A}$ 的一个最高阶非零子式为三阶. $\boldsymbol{A}$ 的三阶子式共有 $\mathrm{C}_4^3\cdot\mathrm{C}_5^3=40$ 个，要从 40 个子式中找出一个非零子式是很麻烦的. 考察 $\boldsymbol{A}$ 的行阶梯形矩阵，记 $\boldsymbol{A}=(\boldsymbol{a}_1, \boldsymbol{a}_2, \boldsymbol{a}_3, \boldsymbol{a}_4, \boldsymbol{a}_5)$，则矩阵 $\boldsymbol{A}_0=(\boldsymbol{a}_1, \boldsymbol{a}_2, \boldsymbol{a}_4)$ 的行阶梯形矩阵为

$$\begin{pmatrix}1 & 6 & -1\\ 0 & -4 & 1\\ 0 & 0 & 4\\ 0 & 0 & 0\end{pmatrix},$$

故 $R(\boldsymbol{A}_0)=3$，$\boldsymbol{A}_0$ 中必有三阶非零子式. $\boldsymbol{A}_0$ 的三阶子式有 4 个，在 $\boldsymbol{A}_0$ 的 4 个三阶子式中找一个非零子式要比在 $\boldsymbol{A}$ 中找非零子式方便许多. 现计算 $\boldsymbol{A}_0$ 的前三行构成的子式

$$\begin{vmatrix}3 & 2 & 5\\ 3 & -2 & 6\\ 2 & 0 & 5\end{vmatrix}\xlongequal{r_2+r_1}\begin{vmatrix}3 & 2 & 5\\ 6 & 0 & 11\\ 2 & 0 & 5\end{vmatrix}=-2\begin{vmatrix}6 & 11\\ 2 & 5\end{vmatrix}\neq 0,$$

因此这个子式便是 $\boldsymbol{A}$ 的一个最高阶非零子式.

3.4.3 克拉默法则

含有 n 个未知数 n 个方程的线性方程组

$$\begin{cases}a_{11}x_1+a_{12}x_2+\cdots+a_{1n}x_n=b_1,\\ a_{21}x_1+a_{22}x_2+\cdots+a_{2n}x_n=b_2,\\ \quad\vdots\\ a_{n1}x_1+a_{n2}x_2+\cdots+a_{nn}x_n=b_n,\end{cases}\tag{3-4}$$

与二元或三元线性方程组类似，它的解也可以用 n 阶行列式表示，由定理 2.14 和定理 3.5 可得：

定理 3.6（克拉默法则） 如果线性方程组(3-4)的系数行列式不等于零，即

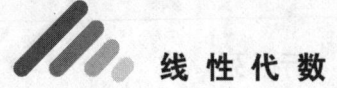

$$D=\begin{vmatrix} a_{11} & a_{12} & \cdots & a_{1n} \\ a_{21} & a_{22} & \cdots & a_{2n} \\ \vdots & \vdots & & \vdots \\ a_{n1} & a_{n2} & \cdots & a_{nn} \end{vmatrix} \neq 0,$$

则方程组（3-4）有唯一解，

$$x_1=\frac{D_1}{D},\ x_2=\frac{D_2}{D},\ \cdots,\ x_n=\frac{D_n}{D},$$

其中 $D_j=\begin{vmatrix} a_{11} & \cdots & a_{1,j-1} & b_1 & a_{1,j+1} & \cdots & a_{1n} \\ a_{21} & \cdots & a_{2,j-1} & b_2 & a_{2,j+1} & \cdots & a_{2n} \\ \vdots & & \vdots & \vdots & \vdots & & \vdots \\ a_{n1} & \cdots & a_{n,j-1} & b_n & a_{n,j+1} & \cdots & a_{nn} \end{vmatrix}$，$j=1,\ 2,\ \cdots,\ n.$

例 3.19 用克拉默法则解线性方程组

$$\begin{cases} 5x_1-x_2=9, \\ 3x_1-3x_2+x_3=20, \\ x_1+x_2+x_3=2. \end{cases}$$

解　系数行列式

$$D=\begin{vmatrix} 5 & -1 & 0 \\ 3 & -3 & 1 \\ 1 & 1 & 1 \end{vmatrix} \xlongequal{r_2-r_3} \begin{vmatrix} 5 & -1 & 0 \\ 2 & -4 & 0 \\ 1 & 1 & 1 \end{vmatrix} = (-1)^{3+3}\begin{vmatrix} 5 & -1 \\ 2 & -4 \end{vmatrix} = -18.$$

由于系数行列式不为零，故可用克拉默法则求解.

$$D_1=\begin{vmatrix} 9 & -1 & 0 \\ 20 & -3 & 1 \\ 2 & 1 & 1 \end{vmatrix} \xlongequal{r_2-r_3} \begin{vmatrix} 9 & -1 & 0 \\ 18 & -4 & 0 \\ 2 & 1 & 1 \end{vmatrix}$$

$$=(-1)^{3+3}\begin{vmatrix} 9 & -1 \\ 18 & -4 \end{vmatrix} = -18,$$

$$D_2=\begin{vmatrix} 5 & 9 & 0 \\ 3 & 20 & 1 \\ 1 & 2 & 1 \end{vmatrix} \xlongequal{r_2-r_3} \begin{vmatrix} 5 & 9 & 0 \\ 2 & 18 & 0 \\ 1 & 2 & 1 \end{vmatrix} = (-1)^{3+3}\begin{vmatrix} 5 & 9 \\ 2 & 18 \end{vmatrix} = 72,$$

$$D_3=\begin{vmatrix} 5 & -1 & 9 \\ 3 & -3 & 20 \\ 1 & 1 & 2 \end{vmatrix} \xlongequal[c_3-2c_1]{c_2-c_1} \begin{vmatrix} 5 & -6 & -1 \\ 3 & -6 & 14 \\ 1 & 0 & 0 \end{vmatrix}$$

$$=(-1)^{3+1}\begin{vmatrix} -6 & -1 \\ -6 & 14 \end{vmatrix} = -90,$$

则有

$$x_1=\frac{D_1}{D}=1,\ x_2=\frac{D_2}{D}=-4,\ x_3=\frac{D_3}{D}=5.$$

注 克拉默法则只能应用于 n 个未知量、n 个方程并且系数行列式不等于零的线性方程组. 同时, 在求解未知量个数较多的方程组时, 克拉默法则不太具有实用价值. 从某种角度上来说, 克拉默法则仅具有理论上的意义.

定理 3.7 **设齐次线性方程组**

$$\begin{cases}a_{11}x_1+a_{12}x_2+\cdots+a_{1n}x_n=0,\\ a_{21}x_1+a_{22}x_2+\cdots+a_{2n}x_n=0,\\ \quad\vdots\\ a_{n1}x_1+a_{n2}x_2+\cdots+a_{nn}x_n=0.\end{cases}\tag{3-5}$$

(1) 若齐次线性方程组(3-5)的系数行列式 $D\neq0$，那么方程组(3-5)只有零解；

(2) 齐次线性方程组(3-5)有非零解的充分必要条件是其系数行列式 $D=0$.

例 3.20 问 λ 取何值时, 齐次线性方程组

$$\begin{cases}(\lambda-4)x-6y=0,\\ 3x+(\lambda+5)y=0,\\ 3x+6y+(\lambda-1)z=0\end{cases}$$

有非零解?

解 齐次线性方程组有非零解, 则其系数行列式 $D=0$. 而

$$\begin{aligned}D&=\begin{vmatrix}\lambda-4&-6&0\\3&\lambda+5&0\\3&6&\lambda-1\end{vmatrix}=(\lambda-1)\begin{vmatrix}\lambda-4&-6\\3&\lambda+5\end{vmatrix}\\&=(\lambda-1)(\lambda^2+\lambda-2)\\&=(\lambda-1)^2(\lambda+2),\end{aligned}$$

由定理 3.7 知, 当 $\lambda=1$ 或 $\lambda=-2$ 时, 所给齐次线性方程组有非零解.

思考题 当线性方程组的系数行列式为零时, 能否用克拉默法则解方程组? 为什么?

习题 3.4

1. 判断下列矩阵是否可逆, 若可逆, 则利用伴随矩阵求

其逆矩阵.

(1) $\begin{pmatrix}1 & 2\\3 & 5\end{pmatrix}$;　　(2) $\begin{pmatrix}1 & 2 & 3\\2 & 1 & 2\\1 & 3 & 3\end{pmatrix}$;

(3) $\begin{pmatrix}1 & 2 & 1\\1 & 0 & 5\\1 & 1 & 3\end{pmatrix}$.

2. 设 $\boldsymbol{A}$, $\boldsymbol{B}$ 满足关系 $\boldsymbol{AB}=2\boldsymbol{B}+\boldsymbol{A}$, 且 $\boldsymbol{A}=\begin{pmatrix}3 & 0 & 1\\1 & 1 & 0\\0 & 1 & 4\end{pmatrix}$, 求 $\boldsymbol{B}$.

3. 用克拉默法则求解下列线性方程组.

(1) $\begin{cases}2x_1+3x_2=1,\\3x_1+7x_2=2;\end{cases}$　　(2) $\begin{cases}3x_1-4x_2+2x_3=1,\\5x_1-2x_2+7x_3=22,\\2x_1-5x_2+4x_3=4.\end{cases}$

4. 求 $\boldsymbol{A}=\begin{pmatrix}3 & 2 & -1 & -3 & -1\\2 & -1 & 3 & 1 & -3\\7 & 0 & 5 & -1 & -8\end{pmatrix}$ 的秩，并求一个最高阶非零子式.

3.5 应用举例与数学实验

3.5.1 应用举例

例 3.21 逆矩阵在加密传输中的应用.

可逆方阵可用来对需要传输的信息进行加密. 首先，给每个字母指派一个码字，如表 3-1 所示.

表 3-1

字母	a	…	e	f	g	h	…	n	o	p	q	r	s	t	…	z	空格
码数	1	…	5	6	7	8	…	14	15	16	17	18	19	20	…	26	0

于是为传输信息

GO NORTHEAST

把对应的码字写成 3×4 矩阵(按列)

$$B=\begin{pmatrix}7&14&20&1\\15&15&8&19\\0&18&5&20\end{pmatrix}.$$

如果直接发送矩阵 $\boldsymbol{B}$，这是不加密的信息，很容易被破译，无论在军事或商业上均不可行，因此必须对信息进行加密，使得只有知道密钥的接收者才能准确、快速破译．为此，可以取定 3 阶可逆矩阵 $\boldsymbol{A}$，其元素都为整数，并且满足 $|\boldsymbol{A}|=\pm1$．令

$$\boldsymbol{C}=\boldsymbol{AB},$$

则 $\boldsymbol{C}$ 是 3×4 矩阵，其元素也均为整数．现发送加密后的信息矩阵 $\boldsymbol{C}$，已方接收者只需用 $\boldsymbol{A}^{-1}$ 进行解密，就可得到对方发送的信息：

$$\boldsymbol{B}=\boldsymbol{A}^{-1}\boldsymbol{C}.$$

例如，取

$$\boldsymbol{A}=\begin{pmatrix}1&1&1\\-1&0&1\\0&1&1\end{pmatrix},$$

则 $|\boldsymbol{A}|=-1$，且

$$\boldsymbol{A}^{-1}=\frac{\boldsymbol{A}^*}{|\boldsymbol{A}|}=\begin{pmatrix}1&0&-1\\-1&-1&2\\1&1&-1\end{pmatrix}.$$

现发送矩阵

$$\boldsymbol{C}=\boldsymbol{AB}=\begin{pmatrix}1&1&1\\-1&0&1\\0&1&1\end{pmatrix}\begin{pmatrix}7&14&20&1\\15&15&8&19\\0&18&5&20\end{pmatrix}=\begin{pmatrix}22&47&33&40\\-7&4&-15&19\\15&33&13&39\end{pmatrix}.$$

接收者收到矩阵 $\boldsymbol{C}$ 后，用 $\boldsymbol{A}^{-1}$ 解密：

$$\boldsymbol{B}=\boldsymbol{A}^{-1}\boldsymbol{C}=\begin{pmatrix}1&0&-1\\-1&-1&2\\1&1&-1\end{pmatrix}\begin{pmatrix}22&47&33&40\\-7&4&-15&19\\15&33&13&39\end{pmatrix}=\begin{pmatrix}7&14&20&1\\15&15&8&19\\0&18&5&20\end{pmatrix},$$

即 GO NORTHEAST.

这里所述仅是原理，而在实际应用中，用于加密的可逆阵 $\boldsymbol{A}$ 的阶数很大，构造也十分复杂. 在第二次世界大战期间，一些优秀的数学家，包括著名数学家图灵(Alan Mathison Turing)等都被请来从事对己方信息的加密和对敌方信息的破译工作.

例 3.22（营养食谱问题） 饮食专家制订一份膳食计划，提供一定量的维生素 C、钙和镁. 其中用到3种食物，它们的质量用适当的单位计量. 这些食品提供的营养以及食谱需要的营养如表3-2所示.

表 3-2

营养	单位食谱所含的营养/mg			需要的营养总量/mg
	食物1	食物2	食物3	
维生素 C	10	20	20	100
钙	50	40	10	300
镁	30	10	40	400

针对这个问题写出一个方程组. 说明方程中的变量表示什么，然后求解这个方程组.

解 设 x_1，x_2，x_3 分别表示这三种食物的量，则有线性方程组

$$\begin{cases}10x_1+20x_2+20x_3=100,\\50x_1+40x_2+10x_3=300,\\30x_1+10x_2+40x_3=200,\end{cases}$$

经计算知

$$D=\begin{vmatrix}10&20&20\\50&40&10\\30&10&40\end{vmatrix}=-33000\neq0,$$

$$D_1=\begin{vmatrix}100&20&20\\300&40&10\\200&10&40\end{vmatrix}=-150000,$$

$$D_2=\begin{vmatrix}10&100&20\\50&300&10\\30&200&40\end{vmatrix}=-50000,$$

$$D_3=\begin{vmatrix}10 & 20 & 100\\50 & 40 & 300\\30 & 10 & 200\end{vmatrix}=-40000,$$

由克拉默法则，得

$$x_1=\frac{D_1}{D}=\frac{50}{11},\ x_2=\frac{D_2}{D}=\frac{50}{33},\ x_3=\frac{D_3}{D}=\frac{40}{33}.$$

因此，食谱中应该包含$\frac{50}{11}$个单位的食物1，$\frac{50}{33}$个单位的食物2，$\frac{40}{33}$个单位的食物3.

3.5.2 数学实验

1. 相关命令

在MATLAB中，det(A)表示求矩阵$\boldsymbol{A}$的行列式.

2. 实验举例

例3.23 计算 $|\boldsymbol{A}|=\begin{vmatrix}3 & 1 & -1 & 2\\-5 & 1 & 3 & -4\\2 & 0 & 1 & -1\\1 & -5 & 3 & -3\end{vmatrix}$.

解 直接利用求行列式的命令即可. 在MATLAB命令窗口输入

```
命令行窗口
>> A=[3 1 -1 2;-5 1 3 -4;2 0 1 -1;1 -5 3 -3];
>> det(A)
```

运行结果如下：

```
命令行窗口
>> A=[3 1 -1 2;-5 1 3 -4;2 0 1 -1;1 -5 3 -3];
>> det(A)

ans =

   40.0000
```

例3.24 计算 $|\boldsymbol{B}|=\begin{vmatrix}5x & 1 & 2 & 3\\x & x & 1 & 2\\1 & 2 & x & 3\\x & 1 & 2 & 2x\end{vmatrix}$.

解 在本例中，x 为未知量，故必须定义为符号变量. 建立 M 文件

```
exam3_42.m
clear all   %清除所有变量
syms x      %定义x为符号变量
B=[5*x 1 2 3;x x 1 2; 1 2 x 3;x 1 2 2*x];
det(B)
```

运行结果为：

```
命令行窗口
>> exam3_42

ans =

10*x^4 - 5*x^3 - 45*x^2 + 46*x - 3
```

即 $|\boldsymbol{B}| = 10x^4 - 5x^3 - 45x^2 + 46x - 3$.

例 3.25 用克拉默法则解线性方程组

$$\begin{cases} x_1 + x_2 - 2x_3 = -3, \\ 5x_1 - 2x_2 + 7x_3 = 22, \\ 2x_1 - 5x_2 + 4x_3 = 4. \end{cases}$$

解 根据克拉默法则建立 M 文件如下：

```
exam3_43.m
A=[1 1 -2;5 -2 7;2 -5 4];b=[-3;22;4];
D=det(A);
D1=det([b,A(:,2:3)]);
D2=det([A(:,1),b,A(:,3)]);
D3=det([A(:,1:2),b]);
x1=D1/D,x2=D2/D,x3=D3/D
```

运行结果为：

```
命令行窗口
>> exam3_43

x1 =

    1.0000


x2 =

     2


x3 =

    3.0000
```

总习题3

1. 填空题.

(1) 设 $D=\begin{vmatrix} a_{11} & a_{12} & a_{13} \\ a_{21} & a_{22} & a_{23} \\ a_{31} & a_{32} & a_{33} \end{vmatrix}=m\neq 0$，则行列式 $D_1=\begin{vmatrix} 2a_{11} & 2a_{12} & 2a_{13} \\ 2a_{21} & 2a_{22} & 2a_{23} \\ 2a_{31} & 2a_{32} & 2a_{33} \end{vmatrix}$的值为______；

(2)已知四阶行列式$\begin{vmatrix} 2 & 1 & -5 & 1 \\ a & b & c & d \\ 0 & 2 & -1 & 2 \\ 1 & 4 & -7 & 6 \end{vmatrix}=2$，则 $aA_{21}+bA_{22}+cA_{23}+dA_{24}=$________，$aA_{31}+bA_{32}+cA_{33}+dA_{34}=$________.

2. 利用二阶行列式解下列方程组.

(1)$\begin{cases} 5x_1-x_2=2, \\ 3x_1+2x_2=9; \end{cases}$ (2)$\begin{cases} 2x_1+3x_2=8, \\ x_1-2x_2=-3. \end{cases}$

3. 利用对角线法则，计算下列行列式.

(1)$\begin{vmatrix} 2 & 1 & 2 \\ -4 & 3 & 1 \\ 2 & 3 & 5 \end{vmatrix}$； (2)$\begin{vmatrix} 2 & 0 & 1 \\ 1 & -4 & -1 \\ -1 & 8 & 3 \end{vmatrix}$.

4. 求下列各排列的逆序数，并确定其奇偶性.

(1)1 2 3 4；(2)3 4 2 1；(3)4 1 2 5 3；(4)n，$n-1$，…，2，1.

5. 写出四阶行列式中包含因子 $a_{23}a_{42}$ 的项，并指出正负号.

6. 用行列式的定义计算下面的行列式展开式中 x^4 与 x^3 项的系数.

$$\begin{vmatrix} 5x & 1 & 2 & 3 \\ x & x & 1 & 2 \\ 1 & 2 & x & 3 \\ x & 1 & 2 & 2x \end{vmatrix}$$

7. 若$\begin{vmatrix} a & b & c \\ 2 & 3 & 4 \\ 1 & 0 & 1 \end{vmatrix}=1$，求$\begin{vmatrix} a+1 & 1 & 2 \\ b & 0 & 3 \\ c+1 & 1 & 4 \end{vmatrix}$.

8. 用行列式的性质计算下列行列式.

$$D=\begin{vmatrix} 0 & -1 & -1 & 2 \\ 1 & -1 & 0 & 2 \\ -1 & 2 & -1 & 0 \\ 2 & 1 & 1 & 0 \end{vmatrix}$$

9. 求四阶行列式$D_4=\begin{vmatrix} 1 & 1 & 3 & -1 \\ 3 & 1 & 8 & 0 \\ -2 & 1 & 4 & 3 \\ 4 & 1 & 2 & 5 \end{vmatrix}$中元素$a_{34}$的余子式和代数余子式.

10. 按第三列展开并计算行列式$D_4=\begin{vmatrix} 0 & 1 & 0 & 5 \\ 0 & 2 & 2 & 6 \\ 3 & 3 & 0 & 7 \\ 0 & 4 & 0 & 8 \end{vmatrix}$的值.

11. 计算行列式$D_4=\begin{vmatrix} -1 & 1 & -1 & 2 \\ 1 & 0 & 1 & -1 \\ 2 & 4 & 3 & 1 \\ -1 & 1 & 2 & -2 \end{vmatrix}$的值.

12. 已知四阶行列式$D_4=\begin{vmatrix} 1 & 2 & 3 & 4 \\ 1 & 1 & 2 & 2 \\ 1 & 5 & 6 & 7 \\ 3 & 3 & 4 & 4 \end{vmatrix}$，

求$A_{31}+A_{32}$以及$A_{33}+A_{34}$，其中，A_{3j}为a_{3j}的代数余子式.

13. 用公式法求下列矩阵的逆矩阵.

(1)$\begin{pmatrix} \cos\theta & -\sin\theta \\ \sin\theta & \cos\theta \end{pmatrix}$；　(2)$\begin{pmatrix} 1 & 2 & -1 \\ 3 & 4 & -2 \\ 5 & -4 & 1 \end{pmatrix}$.

14. 解下列矩阵方程：

(1)$\begin{pmatrix} 2 & 5 \\ 1 & 3 \end{pmatrix}X=\begin{pmatrix} 4 & -6 \\ 2 & 1 \end{pmatrix}$；

$$(2)\ X\begin{pmatrix}2&1&-1\\2&1&0\\1&-1&1\end{pmatrix}=\begin{pmatrix}1&-1&3\\4&3&2\end{pmatrix}.$$

15. 用克拉默法则计算线性方程组

$$\begin{cases}x_1+\ x_2-2x_3=-3,\\5x_1-2x_2+7x_3=22,\\2x_1-5x_2+4x_3=4.\end{cases}$$

16. 问 λ，μ 取何值时，齐次线性方程组

$$\begin{cases}\lambda x_1+\ x_2+x_3=0,\\x_1+\ \mu x_2+x_3=0,\\x_1+2\mu x_2+x_3=0\end{cases}$$

有非零解？

17. 求下列矩阵的秩，并求出一个最高阶非零子式.

$$(1)\begin{pmatrix}3&1&0&2\\1&-1&2&-1\\1&3&-4&4\end{pmatrix};\qquad(2)\begin{pmatrix}1&0&0&1\\1&2&0&-1\\3&-1&0&4\\1&4&5&1\end{pmatrix}.$$

18. 设矩阵

$$A=\begin{pmatrix}1&a&a\\a&1&a\\a&a&1\end{pmatrix}$$

的秩为 2，求 a 的值.

第 4 章 相似矩阵与二次型

4.1 向量的内积、长度及正交性

4.1.1 向量的内积、长度及夹角

定义 4.1 设有 n 维向量 $\boldsymbol{x}=\begin{pmatrix}x_1\\x_2\\\vdots\\x_n\end{pmatrix}$，$\boldsymbol{y}=\begin{pmatrix}y_1\\y_2\\\vdots\\y_n\end{pmatrix}$，

令
$$(\boldsymbol{x},\ \boldsymbol{y})=x_1y_1+x_2y_2+\cdots+x_ny_n,$$
$(\boldsymbol{x},\ \boldsymbol{y})$称为向量 $\boldsymbol{x}$ 与 $\boldsymbol{y}$ 的**内积**. 当 $n=3$ 时，内积即为高等数学或解析几何中提到的两个向量的数量积.

内积是向量的一种运算，其结果是一个实数，当 $\boldsymbol{x}$，$\boldsymbol{y}$ 都是列向量时，有
$$(\boldsymbol{x},\ \boldsymbol{y})=\boldsymbol{x}^{\mathrm{T}}\boldsymbol{y}.$$

内积满足下列运算律(设 $\boldsymbol{x}$，$\boldsymbol{y}$，$\boldsymbol{z}$ 都是 n 维列向量，λ 为实数)：

1) $(\boldsymbol{x},\ \boldsymbol{y})=(\boldsymbol{y},\ \boldsymbol{x})$；

2) $(\lambda\boldsymbol{x},\ \boldsymbol{y})=\lambda(\boldsymbol{x},\ \boldsymbol{y})$；

3) $(\boldsymbol{x}+\boldsymbol{y},\ \boldsymbol{z})=(\boldsymbol{x},\ \boldsymbol{z})+(\boldsymbol{y},\ \boldsymbol{z})$；

4) 当 $\boldsymbol{x}=\boldsymbol{0}$ 时，$(\boldsymbol{x},\ \boldsymbol{x})=0$；当 $\boldsymbol{x}\neq\boldsymbol{0}$ 时$(\boldsymbol{x},\ \boldsymbol{x})>0$.

定义 4.2 令
$$\|\boldsymbol{x}\|=\sqrt{(\boldsymbol{x},\ \boldsymbol{x})}=\sqrt{x_1^2+x_2^2+\cdots+x_n^2},$$
$\|\boldsymbol{x}\|$称为 n 维向量 $\boldsymbol{x}$ 的**长度**(**或范数**).

当$\|\boldsymbol{x}\|=1$ 时，称 $\boldsymbol{x}$ 为**单位向量**.

向量的长度具有下述性质：

1）非负性：当 $\boldsymbol{x}\neq\boldsymbol{0}$ 时，$\|\boldsymbol{x}\|>0$；当 $\boldsymbol{x}=\boldsymbol{0}$ 时，$\|\boldsymbol{x}\|=0$；

2）齐次性：$\|\lambda\boldsymbol{x}\|=|\lambda|\|\boldsymbol{x}\|$；

3）三角不等式：$\|\boldsymbol{x}+\boldsymbol{y}\|\leqslant\|\boldsymbol{x}\|+\|\boldsymbol{y}\|$.

定义 4.3 当 $\|\boldsymbol{x}\|\neq 0$，$\|\boldsymbol{y}\|\neq 0$ 时，

$$\theta=\arccos\frac{(\boldsymbol{x},\ \boldsymbol{y})}{\|\boldsymbol{x}\|\|\boldsymbol{y}\|}$$

称为 n 维向量 $\boldsymbol{x}$ 与 $\boldsymbol{y}$ 的**夹角**.

4.1.2 向量组的正交单位化

定义 4.4 如果两个向量 $\boldsymbol{x}$，$\boldsymbol{y}$ 的内积 $(\boldsymbol{x},\ \boldsymbol{y})=0$ 则称向量 $\boldsymbol{x}$ 与 $\boldsymbol{y}$ **正交**(**或垂直**)，记为 $\boldsymbol{x}\perp\boldsymbol{y}$.

零向量与任何向量都正交.

一组两两正交的非零向量称为**正交向量组**.

定理 4.1 **若 n 维向量 $\boldsymbol{a}_1$，$\boldsymbol{a}_2$，…，$\boldsymbol{a}_r$ 是一组两两正交的非零向量，则 $\boldsymbol{a}_1$，$\boldsymbol{a}_2$，…，$\boldsymbol{a}_r$ 线性无关.**

证明 设 $k_1\boldsymbol{a}_1+k_2\boldsymbol{a}_2+\cdots+k_r\boldsymbol{a}_r=\boldsymbol{0}$，那么

$$\begin{aligned}0&=(\boldsymbol{a}_1,\ \boldsymbol{0})=(\boldsymbol{a}_1,\ k_1\boldsymbol{a}_1+k_2\boldsymbol{a}_2+\cdots+k_r\boldsymbol{a}_r)\\&=k_1(\boldsymbol{a}_1,\ \boldsymbol{a}_1)+k_2(\boldsymbol{a}_1,\ \boldsymbol{a}_2)+\cdots+k_r(\boldsymbol{a}_1,\ \boldsymbol{a}_r)\\&=k_1(\boldsymbol{a}_1,\ \boldsymbol{a}_1)+0+\cdots+0\\&=k_1\|\boldsymbol{a}_1\|^2,\end{aligned}$$

从而 $k_1=0$. 同理亦可证 $k_2=k_3=\cdots=k_r=0$，于是 $\boldsymbol{a}_1$，$\boldsymbol{a}_2$，…，$\boldsymbol{a}_r$ 线性无关.

上述定理表明正交向量组一定线性无关. 反之，线性无关的向量组是否一定是正交向量组呢？回答是否定的. 例如向量组 $\boldsymbol{a}_1=(1,\ 0)^{\mathrm{T}}$，$\boldsymbol{a}_2=(1,\ 1)^{\mathrm{T}}$ 是线性无关的，但不是正交的.

尽管一个线性无关的向量组 $\boldsymbol{a}_1$，$\boldsymbol{a}_2$，…，$\boldsymbol{a}_r$ 不一定是正交向量组，但我们可以通过正交单位化过程求出一个与该向量组等价的正交单位向量组. 这样的过程称为把向量组 $\boldsymbol{a}_1$，$\boldsymbol{a}_2$，…，$\boldsymbol{a}_r$ **规范正交化**.

下面介绍一种把线性无关的向量组 $\boldsymbol{a}_1$，$\boldsymbol{a}_2$，…，$\boldsymbol{a}_r$ 正交单位化的方法. 步骤如下：

第一步：运用**施密特**(Schmidt)正交法将 $\boldsymbol{a}_1$，$\boldsymbol{a}_2$，…，$\boldsymbol{a}_r$ 正交化：

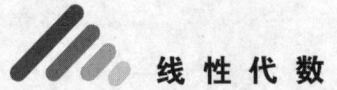

取 $\boldsymbol{b}_1=\boldsymbol{a}_1$；

$$\boldsymbol{b}_2=\boldsymbol{a}_2-\frac{(\boldsymbol{b}_1,\ \boldsymbol{a}_2)}{(\boldsymbol{b}_1,\ \boldsymbol{b}_1)}\boldsymbol{b}_1;$$

$$\vdots$$

$$\boldsymbol{b}_r=\boldsymbol{a}_r-\frac{(\boldsymbol{b}_1,\ \boldsymbol{a}_r)}{(\boldsymbol{b}_1,\ \boldsymbol{b}_1)}\boldsymbol{b}_1-\frac{(\boldsymbol{b}_2,\ \boldsymbol{a}_r)}{(\boldsymbol{b}_2,\ \boldsymbol{b}_2)}\boldsymbol{b}_2-\cdots-\frac{(\boldsymbol{b}_{r-1},\ \boldsymbol{a}_r)}{(\boldsymbol{b}_{r-1},\ \boldsymbol{b}_{r-1})}\boldsymbol{b}_{r-1};$$

容易验证 $\boldsymbol{b}_1$，$\boldsymbol{b}_2$，…，$\boldsymbol{b}_r$ 两两正交.

第二步：将 $\boldsymbol{b}_1$，$\boldsymbol{b}_2$，…，$\boldsymbol{b}_r$ 单位化. 取

$$\boldsymbol{e}_1=\frac{\boldsymbol{b}_1}{\|\boldsymbol{b}_1\|},\ \boldsymbol{e}_2=\frac{\boldsymbol{b}_2}{\|\boldsymbol{b}_2\|},\ \cdots,\ \boldsymbol{e}_r=\frac{\boldsymbol{b}_r}{\|\boldsymbol{b}_r\|},$$

则 $\boldsymbol{e}_1$，$\boldsymbol{e}_2$，…，$\boldsymbol{e}_r$ 就是线性无关向量组 $\boldsymbol{a}_1$，$\boldsymbol{a}_2$，…，$\boldsymbol{a}_r$ 的正交单位化向量组. 且 $\boldsymbol{e}_1$，$\boldsymbol{e}_2$，…，$\boldsymbol{e}_r$ 与 $\boldsymbol{a}_1$，$\boldsymbol{a}_2$，…，$\boldsymbol{a}_r$ 等价.

例 4.1　设 $\boldsymbol{a}_1=\begin{pmatrix}1\\2\\-1\end{pmatrix}$，$\boldsymbol{a}_2=\begin{pmatrix}-1\\3\\1\end{pmatrix}$，$\boldsymbol{a}_3=\begin{pmatrix}4\\-1\\0\end{pmatrix}$，试用施密特正交法把这组向量规范正交化.

解　取 $\boldsymbol{b}_1=\boldsymbol{a}_1$，

$$\boldsymbol{b}_2=\boldsymbol{a}_2-\frac{(\boldsymbol{b}_1,\ \boldsymbol{a}_2)}{(\boldsymbol{b}_1,\ \boldsymbol{b}_1)}\boldsymbol{b}_1=\begin{pmatrix}-1\\3\\1\end{pmatrix}-\frac{4}{6}\begin{pmatrix}1\\2\\-1\end{pmatrix}=\frac{5}{3}\begin{pmatrix}-1\\1\\1\end{pmatrix},$$

$$\begin{aligned}\boldsymbol{b}_3&=\boldsymbol{a}_3-\frac{(\boldsymbol{b}_1,\ \boldsymbol{a}_3)}{(\boldsymbol{b}_1,\ \boldsymbol{b}_1)}\boldsymbol{b}_1-\frac{(\boldsymbol{b}_2,\ \boldsymbol{a}_3)}{(\boldsymbol{b}_2,\ \boldsymbol{b}_2)}\boldsymbol{b}_2\\&=\begin{pmatrix}4\\-1\\0\end{pmatrix}-\frac{1}{3}\begin{pmatrix}1\\2\\-1\end{pmatrix}+\frac{5}{3}\begin{pmatrix}-1\\1\\1\end{pmatrix}=2\begin{pmatrix}1\\0\\1\end{pmatrix}.\end{aligned}$$

再把它们单位化，取

$$\boldsymbol{e}_1=\frac{\boldsymbol{b}_1}{\|\boldsymbol{b}_1\|}=\frac{1}{\sqrt{6}}\begin{pmatrix}1\\2\\-1\end{pmatrix},\ \boldsymbol{e}_2=\frac{\boldsymbol{b}_2}{\|\boldsymbol{b}_2\|}=\frac{1}{\sqrt{3}}\begin{pmatrix}-1\\1\\1\end{pmatrix},\ \boldsymbol{e}_3=\frac{\boldsymbol{b}_3}{\|\boldsymbol{b}_3\|}=\frac{1}{\sqrt{2}}\begin{pmatrix}1\\0\\1\end{pmatrix},$$

$\boldsymbol{e}_1$，$\boldsymbol{e}_2$，$\boldsymbol{e}_3$ 即为所求.

4.1.3　正交矩阵

定义 4.5　如果 n 阶矩阵 $\boldsymbol{A}$ 满足 $\boldsymbol{A}^{\mathrm{T}}\boldsymbol{A}=\boldsymbol{E}$，则称 $\boldsymbol{A}$ 为正

交矩阵，简称正交阵.

定理 4.2 方阵 A 为正交阵的充分必要条件是 A 的列(行)向量都是单位向量，且两两正交.

证明 将 A 的每一列看成一个向量，即 A 表示为 $A=(\boldsymbol{a}_1, \boldsymbol{a}_2, \cdots, \boldsymbol{a}_n)$，若 A 为正交阵，则

$$A^{\mathrm{T}}A=\begin{pmatrix}\boldsymbol{a}_1^{\mathrm{T}}\\ \boldsymbol{a}_2^{\mathrm{T}}\\ \vdots\\ \boldsymbol{a}_n^{\mathrm{T}}\end{pmatrix}(\boldsymbol{a}_1, \boldsymbol{a}_2, \cdots, \boldsymbol{a}_n)=\boldsymbol{E},$$

也即$(\boldsymbol{a}_i^{\mathrm{T}}\boldsymbol{a}_j)=(\delta_{ij})=\begin{cases}0, & 当\ i\neq j,\\ 1, & 当\ i=j\end{cases}(i, j=1, 2, \cdots, n)$.

定理得证.

正交矩阵具有以下基本性质：

1) $A^{-1}=A^{\mathrm{T}}$;

2) $|A|=\pm 1$.

例 4.2 设矩阵 $A=\begin{pmatrix}\frac{1}{\sqrt{6}} & -\frac{2}{\sqrt{6}} & \frac{1}{\sqrt{6}}\\ \frac{1}{\sqrt{2}} & 0 & -\frac{1}{\sqrt{2}}\\ \frac{1}{\sqrt{3}} & \frac{1}{\sqrt{3}} & \frac{1}{\sqrt{3}}\end{pmatrix}$，验证 A 是否为正交矩阵?

解 因 A 的列向量都是单位向量，且两两正交，所以 A 是正交矩阵.

定义 4.6 如果 A 为正交矩阵，则线性变换 $\boldsymbol{y}=A\boldsymbol{x}$ 称为正交变换.

设 $\boldsymbol{y}=A\boldsymbol{x}$ 为正交变换，则有

$$\|\boldsymbol{y}\|=\sqrt{\boldsymbol{y}^{\mathrm{T}}\boldsymbol{y}}=\sqrt{\boldsymbol{x}^{\mathrm{T}}\boldsymbol{P}^{\mathrm{T}}\boldsymbol{P}\boldsymbol{x}}=\sqrt{\boldsymbol{x}^{\mathrm{T}}\boldsymbol{x}}=\|\boldsymbol{x}\|.$$

思考题 设 A, B 均为 n 阶正交矩阵，且 $|A|+|B|=0$，证明 $|A+B|=0$.

习题 4.1

1. 设 $\boldsymbol{a}=\begin{pmatrix}1\\0\\-2\end{pmatrix}$，$\boldsymbol{b}=\begin{pmatrix}-4\\2\\3\end{pmatrix}$，$\boldsymbol{c}$ 与 $\boldsymbol{a}$ 正交，且 $\boldsymbol{b}=\lambda\boldsymbol{a}+\boldsymbol{c}$，求 λ 和 $\boldsymbol{c}$.

2. 试用施密特正交法把下列向量组正交化并单位化：

$$(\boldsymbol{a}_1,\ \boldsymbol{a}_2,\ \boldsymbol{a}_3)=\begin{pmatrix}1&1&-1\\0&-1&1\\-1&0&1\\1&1&0\end{pmatrix}.$$

3. 指出下列矩阵是不是正交矩阵并说明理由.

(1) $\begin{pmatrix}1&-\frac{1}{2}&\frac{1}{3}\\-\frac{1}{2}&1&\frac{1}{2}\\\frac{1}{3}&\frac{1}{2}&-1\end{pmatrix}$；

(2) $\begin{pmatrix}\frac{1}{9}&-\frac{8}{9}&-\frac{4}{9}\\-\frac{8}{9}&\frac{1}{9}&-\frac{4}{9}\\-\frac{4}{9}&-\frac{4}{9}&\frac{7}{9}\end{pmatrix}$.

4.2 方阵的特征值与特征向量

4.2.1 特征值与特征向量的概念

定义 4.7 设 $\boldsymbol{A}$ 是 n 阶方阵，如果数 λ 和 n 维非零列向量 $\boldsymbol{x}$ 满足关系式

$$\boldsymbol{A}\boldsymbol{x}=\lambda\boldsymbol{x}, \tag{4-1}$$

那么，这样的数 λ 称为矩阵 $\boldsymbol{A}$ 的**特征值**，非零向量 $\boldsymbol{x}$ 称为矩阵 $\boldsymbol{A}$ 对应于特征值 λ 的**特征向量**.

例如，$\begin{pmatrix}3 & -4\\2 & -3\end{pmatrix}\begin{pmatrix}2\\1\end{pmatrix}=1\cdot\begin{pmatrix}2\\1\end{pmatrix}$，则 $\lambda=1$ 为矩阵$\begin{pmatrix}3 & -4\\2 & -3\end{pmatrix}$的特征值，$\begin{pmatrix}2\\1\end{pmatrix}$为矩阵$\begin{pmatrix}3 & -4\\2 & -3\end{pmatrix}$对应于 $\lambda=1$ 的特征向量.

设 $\boldsymbol{A}=(a_{ij})_{n\times n}$，$\boldsymbol{x}=(x_1,\ x_2,\ \cdots,\ x_n)^{\mathrm{T}}$，式(4-1)也可以改写成

$$(\boldsymbol{A}-\lambda\boldsymbol{E})\boldsymbol{x}=\boldsymbol{0},$$

这是个含 n 个未知变量 n 个方程的齐次线性方程组

$$\begin{cases}(a_{11}-\lambda)x_1+a_{12}x_2+\cdots+a_{1n}x_n=0,\\ a_{21}x_1+(a_{22}-\lambda)x_2+\cdots+a_{2n}x_n=0,\\ \qquad\vdots\\ a_{n1}x_1+a_{n2}x_2+\cdots+(a_{nn}-\lambda)x_n=0,\end{cases}$$

由第 3 章 3.4 节中的定理 3.7 可知，齐次线性方程组有非零解的充分必要条件是系数行列式 $|\boldsymbol{A}-\lambda\boldsymbol{E}|=0$，

即
$$|\boldsymbol{A}-\lambda\boldsymbol{E}|=\begin{vmatrix}a_{11}-\lambda & a_{12} & \cdots & a_{1n}\\ a_{21} & a_{22}-\lambda & \cdots & a_{2n}\\ \vdots & \vdots & & \vdots\\ a_{n1} & a_{n2} & \cdots & a_{nn}-\lambda\end{vmatrix}=0.$$

上式是以 λ 为未知变量的一元 n 次方程，称为矩阵 $\boldsymbol{A}$ 的**特征方程**，$|\boldsymbol{A}-\lambda\boldsymbol{E}|$是 λ 的 n 次多项式，称为矩阵 $\boldsymbol{A}$ 的**特征多项式**，记作 $f(\lambda)$. 显然 $\boldsymbol{A}$ 的特征值就是特征方程的根.

综上所述，求已知方阵 $\boldsymbol{A}$ 的特征值及特征向量的步骤如下：

1）求出方阵 $\boldsymbol{A}$ 的特征方程 $|\boldsymbol{A}-\lambda\boldsymbol{E}|=0$ 的全部根，即是 $\boldsymbol{A}$ 的全部特征值；

2）对于每个特征值 λ_i，求解齐次线性方程组

$$(\boldsymbol{A}-\lambda_i\boldsymbol{E})\boldsymbol{x}=\boldsymbol{0},$$

设求得它的一个基础解系为 $\boldsymbol{\xi}_1$，$\boldsymbol{\xi}_2$，$\cdots$，$\boldsymbol{\xi}_l$，则 $\boldsymbol{x}=k_1\boldsymbol{\xi}_1+k_2\boldsymbol{\xi}_2+\cdots+k_l\boldsymbol{\xi}_l$($k_1$，$\cdots$，$k_l$ 不全为0)就是矩阵 $\boldsymbol{A}$ 的对应于特征值 λ_i 的全部特征向量.

例 4.3 求矩阵 $\boldsymbol{A}=\begin{pmatrix}3 & -1\\-1 & 3\end{pmatrix}$的特征值和特征向量.

解 A 的特征多项式为

$$f(\lambda)=|A-\lambda E|=\begin{vmatrix}3-\lambda & -1\\ -1 & 3-\lambda\end{vmatrix}=(3-\lambda)^2-1$$

$$=8-6\lambda+\lambda^2=(4-\lambda)(2-\lambda),$$

令 $f(\lambda)=0$，则矩阵 A 的特征值为 $\lambda_1=2$，$\lambda_2=4$.

当 $\lambda_1=2$ 时，对应的特征向量 x 应满足方程组 $(A-2E)x=0$，即

$$\begin{pmatrix}1 & -1\\ -1 & 1\end{pmatrix}\begin{pmatrix}x_1\\ x_2\end{pmatrix}=\begin{pmatrix}0\\ 0\end{pmatrix},$$

得方程组的基础解系为 $p_1=\begin{pmatrix}1\\ 1\end{pmatrix}$，$kp_1(k\neq0)$ 是对应于 $\lambda_1=2$ 的全部特征向量.

当 $\lambda_2=4$ 时，由

$$\begin{pmatrix}3-4 & -1\\ -1 & 3-4\end{pmatrix}\begin{pmatrix}x_1\\ x_2\end{pmatrix}=\begin{pmatrix}0\\ 0\end{pmatrix}，即\begin{pmatrix}-1 & -1\\ -1 & -1\end{pmatrix}\begin{pmatrix}x_1\\ x_2\end{pmatrix}=\begin{pmatrix}0\\ 0\end{pmatrix}$$

解得方程组的基础解系 $p_2=\begin{pmatrix}-1\\ 1\end{pmatrix}$，$kp_2(k\neq0)$ 就是矩阵 A 的对应于 $\lambda_2=4$ 的全部特征向量.

例 4.4 求矩阵 $A=\begin{pmatrix}-2 & 0 & 1\\ 1 & 3 & 1\\ -4 & 0 & 2\end{pmatrix}$ 的特征值与特征向量.

解 A 的特征多项式为

$$f(\lambda)=|A-\lambda E|=\begin{vmatrix}-2-\lambda & 0 & 1\\ 1 & 3-\lambda & 1\\ -4 & 0 & 2-\lambda\end{vmatrix}$$

$$=(3-\lambda)\begin{vmatrix}-2-\lambda & 1\\ -4 & 2-\lambda\end{vmatrix}$$

$$=(3-\lambda)\lambda^2.$$

令 $f(\lambda)=0$，则矩阵 A 的特征值是 $\lambda_1=\lambda_2=0$（二重根），$\lambda_3=3$.

当 $\lambda_1=\lambda_2=0$ 时，解方程组 $(A-0E)x=0$，即 $Ax=0$.

由 $\boldsymbol{A}=\begin{pmatrix}-2&0&1\\1&3&1\\-4&0&2\end{pmatrix}\overset{r}{\sim}\begin{pmatrix}1&0&-\frac{1}{2}\\0&1&\frac{1}{2}\\0&0&0\end{pmatrix}$，解得基础解系

$$\boldsymbol{p}_1=\begin{pmatrix}1\\-1\\2\end{pmatrix},$$

所以 $k\boldsymbol{p}_1(k\neq0)$ 是对应于 $\lambda_1=\lambda_2=0$ 的全部特征向量.

当 $\lambda_3=3$ 时，解方程组 $(\boldsymbol{A}-3\boldsymbol{E})\boldsymbol{x}=\boldsymbol{0}$，由

$$\boldsymbol{A}-3\boldsymbol{E}=\begin{pmatrix}-5&0&1\\1&0&1\\-4&0&-1\end{pmatrix}\overset{r}{\sim}\begin{pmatrix}1&0&0\\0&0&1\\0&0&0\end{pmatrix}$$

解得基础解系

$$\boldsymbol{p}_2=\begin{pmatrix}0\\1\\0\end{pmatrix},$$

所以 $k\boldsymbol{p}_2(k\neq0)$ 是对应于 $\lambda_3=3$ 的全部特征向量.

例 4.5 求矩阵 $\boldsymbol{A}=\begin{pmatrix}-2&1&1\\0&2&0\\-4&1&3\end{pmatrix}$ 的特征值与特征向量.

解 $\boldsymbol{A}$ 的特征多项式为

$$f(\lambda)=|\boldsymbol{A}-\lambda\boldsymbol{E}|=\begin{vmatrix}-2-\lambda&1&1\\0&2-\lambda&0\\-4&1&3-\lambda\end{vmatrix}$$

$$=(2-\lambda)\begin{vmatrix}-2-\lambda&1\\-4&3-\lambda\end{vmatrix}$$

$$=(2-\lambda)(\lambda^2-\lambda-2)=-(\lambda+1)(\lambda-2)^2,$$

令 $f(\lambda)=0$，则矩阵 $\boldsymbol{A}$ 的特征值是 $\lambda_1=-1$，$\lambda_2=\lambda_3=2$.

当 $\lambda_1=-1$ 时，解方程组 $(\boldsymbol{A}+\boldsymbol{E})\boldsymbol{x}=\boldsymbol{0}$. 由

$$\boldsymbol{A}+\boldsymbol{E}=\begin{pmatrix}-1&1&1\\0&3&0\\-4&1&4\end{pmatrix}\overset{r}{\sim}\begin{pmatrix}-1&0&1\\0&1&0\\0&0&0\end{pmatrix},$$

解得基础解系

$$p_1=\begin{pmatrix}1\\0\\1\end{pmatrix},$$

所以 $kp_1(k\neq0)$ 是对应于 $\lambda_1=-1$ 的全部特征向量.

当 $\lambda_2=\lambda_3=2$ 时，解方程组 $(A-2E)x=0$. 由

$$A-2E=\begin{pmatrix}-4&1&1\\0&0&0\\-4&1&1\end{pmatrix}\overset{r}{\sim}\begin{pmatrix}1&-\frac{1}{4}&-\frac{1}{4}\\0&0&0\\0&0&0\end{pmatrix}$$

得基础解系

$$p_2=\begin{pmatrix}1\\0\\4\end{pmatrix},\ p_3=\begin{pmatrix}0\\1\\-1\end{pmatrix},$$

所以对应于 $\lambda_2=\lambda_3=2$ 的全部特征向量为

$$k_2p_2+k_3p_3\quad(k_2,\ k_3\text{ 不同时为 }0).$$

通过上面两例可知，方阵的特征值的重数与对应的线性无关特征向量的个数无必然联系.

4.2.2　特征值和特征向量的性质

性质 1　n 阶方阵 A 在复数范围内有 n 个特征值(重根按重数计算个数).

性质 2　设方阵 A 的特征值为 $\lambda_1,\lambda_2,\cdots,\lambda_n$，则

1) $\lambda_1+\lambda_2+\cdots+\lambda_n=a_{11}+a_{22}+\cdots+a_{nn}$；

2) $\lambda_1\lambda_2\cdots\lambda_n=|A|$.

注　n 阶方阵 $A=(a_{ij})$ 的主对角线上所有元素之和称为矩阵 A 的迹，记作 $tr(A)$，即 $tr(A)=a_{11}+a_{22}+\cdots+a_{nn}$. 故矩阵 A 的所有特征值之和等于 A 的迹.

性质 3　设 $\varphi(x)=a_0+a_1x+\cdots+a_mx^m$ 为 x 的 m 次多项式，若 λ 为矩阵 A 的特征值，则 $\varphi(\lambda)$ 是 $\varphi(A)$ 的特征值.

如：$3\lambda^2+2\lambda$ 是 $3A^2+2A$ 的特征值.

性质 4　设 λ 是方阵 A 的特征值. 当 A 可逆时，$\dfrac{1}{\lambda}$ 是 A^{-1} 的特征值.

性质 5　设 $\lambda_1,\lambda_2,\cdots,\lambda_m$ 是方阵 A 的 m 个特征值，$p_1,p_2,\cdots,p_m$ 是与之对应的特征向量，如果 $\lambda_1,\lambda_2,\cdots,\lambda_m$ 各不相等，则 $p_1,p_2,\cdots,p_m$ 线性无关.

以上性质的证明略.

例 4.6 已知矩阵 $A=\begin{pmatrix}5 & \alpha & 2\\ 6 & \beta & 4\\ 4 & -4 & 5\end{pmatrix}$ 的两个特征值为 $\lambda_1=1$，$\lambda_2=2$，求常数 α，β，并求 A 的另一个特征值 λ_3.

解 因 $\lambda_1=1$，$\lambda_2=2$，故 $|A-E|=0$，$|A-2E|=0$，

得
$$\begin{cases}\beta-\alpha+1=0,\\ \beta-2\alpha-2=0,\end{cases}$$

解得
$$\begin{cases}\alpha=-3,\\ \beta=-4.\end{cases}$$

根据性质 $\lambda_1+\lambda_2+\lambda_3=a_{11}+a_{22}+a_{33}$，有 $3+\lambda_3=6$，得 $\lambda_3=3$.

思考题 设 λ_1 和 λ_2 是矩阵 A 的两个不同的特征值，对应的特征向量分别是 p_1 和 p_2，那么 p_1+p_2 是否是 A 的特征向量?

习题 4.2

1. 求下列矩阵的特征值和特征向量.

(1) $\begin{pmatrix}2 & -1 & 2\\ 5 & -3 & 3\\ -1 & 0 & -2\end{pmatrix}$；　　(2) $\begin{pmatrix}1 & 2 & 3\\ 2 & 1 & 3\\ 3 & 3 & 6\end{pmatrix}$.

2. 已知三阶矩阵 A 的特征值为 1，2，3，求 $|A^3-5A^2+7A|$.

3. 设 A 为 n 阶矩阵，证明 A^T 与 A 的特征值相同.

4.3 相似矩阵

4.3.1 相似矩阵的定义

定义 4.8 设 A，B 都是 n 阶矩阵，若有可逆矩阵 P，使
$$P^{-1}AP=B,$$
则称 B 是 A 的**相似矩阵**，或称矩阵 A 与 B **相似**.

对 A 进行运算 $P^{-1}AP$ 称为对 A 进行**相似变换**，可逆矩阵 P 称为把 A 变成 B 的**相似变换矩阵**.

定理 4.3　**若 n 阶矩阵 $\boldsymbol{A}$ 与 $\boldsymbol{B}$ 相似，则 $\boldsymbol{A}$ 与 $\boldsymbol{B}$ 的特征多项式相同，从而 $\boldsymbol{A}$ 与 $\boldsymbol{B}$ 的特征值也相同.**

证明　由 $\boldsymbol{A}$ 与 $\boldsymbol{B}$ 相似，即有可逆矩阵 $\boldsymbol{P}$，使得 $\boldsymbol{P}^{-1}\boldsymbol{AP}=\boldsymbol{B}$，故

$$
\begin{aligned}
|\boldsymbol{B}-\lambda\boldsymbol{E}| &= |\boldsymbol{P}^{-1}\boldsymbol{AP}-\boldsymbol{P}^{-1}(\lambda\boldsymbol{E})\boldsymbol{P}| = |\boldsymbol{P}^{-1}(\boldsymbol{A}-\lambda\boldsymbol{E})\boldsymbol{P}| \\
&= |\boldsymbol{P}^{-1}||\boldsymbol{A}-\lambda\boldsymbol{E}||\boldsymbol{P}| = |\boldsymbol{A}-\lambda\boldsymbol{E}|.
\end{aligned}
$$

推论 1　如果 $\boldsymbol{P}^{-1}\boldsymbol{AP}=\boldsymbol{B}$，且 $\boldsymbol{A}\boldsymbol{\xi}=\lambda\boldsymbol{\xi}$，则 $\boldsymbol{P}^{-1}\boldsymbol{\xi}$ 为 $\boldsymbol{B}$ 的特征向量.

证明　$\boldsymbol{B}(\boldsymbol{P}^{-1}\boldsymbol{\xi})=(\boldsymbol{P}^{-1}\boldsymbol{AP})(\boldsymbol{P}^{-1}\boldsymbol{\xi})=\boldsymbol{P}^{-1}(\boldsymbol{A}\boldsymbol{\xi})=\boldsymbol{P}^{-1}(\lambda\boldsymbol{\xi})=\lambda\boldsymbol{P}^{-1}\boldsymbol{\xi}$.

4.3.2　关于对角阵

推论 2　若 n 阶矩阵 $\boldsymbol{A}$ 与对角阵

$$
\boldsymbol{\Lambda}^{\ominus}=\begin{pmatrix} \lambda_1 & & & \\ & \lambda_2 & & \\ & & \ddots & \\ & & & \lambda_n \end{pmatrix}
$$

相似，即存在可逆矩阵 $\boldsymbol{P}$，使得 $\boldsymbol{P}^{-1}\boldsymbol{AP}=\boldsymbol{\Lambda}$，则 $\lambda_1, \lambda_2, \cdots, \lambda_n$ 是 $\boldsymbol{A}$ 的 n 个特征值.

证明　因 $\lambda_1, \lambda_2, \cdots, \lambda_n$ 是 $\boldsymbol{\Lambda}$ 的 n 个特征值，由定理 4.3 可知 $\lambda_1, \lambda_2, \cdots, \lambda_n$ 也就是 $\boldsymbol{A}$ 的 n 个特征值.

对角阵还具有下面的性质

1）若 $\varphi(x)=a_0+a_1x+\cdots+a_mx^m$，则

$$
\varphi(\boldsymbol{\Lambda})=\begin{pmatrix} \varphi(\lambda_1) & & & \\ & \varphi(\lambda_2) & & \\ & & \ddots & \\ & & & \varphi(\lambda_n) \end{pmatrix}.
$$

例如，$\boldsymbol{\Lambda}^k=\mathrm{diag}(\lambda_1^k, \lambda_2^k, \cdots, \lambda_n^k)$.

2）若矩阵 $\boldsymbol{A}$ 与对角阵 $\boldsymbol{\Lambda}$ 相似，则 $\boldsymbol{A}^k=\boldsymbol{P}\boldsymbol{\Lambda}^k\boldsymbol{P}^{-1}$，而 $\boldsymbol{\Lambda}^k=\mathrm{diag}(\lambda_1^k, \lambda_2^k, \cdots, \lambda_n^k)$，这为我们计算 $\boldsymbol{A}^k$ 提供了另一种方法：若矩阵 $\boldsymbol{A}$ 与对角阵相似，则只要求出对角阵以及相似矩阵 $\boldsymbol{P}$，那么矩阵 $\boldsymbol{A}^k$ 就可以非常简单地求出.

⊖ Λ 为大写希腊字母，读音近似为“兰姆达”.

4.3.3 方阵的对角化

下面我们讨论方阵 $\boldsymbol{A}$ 满足什么条件才能与对角阵相似，如果相似如何求得 $\boldsymbol{P}$ 及 $\boldsymbol{\Lambda}$？

我们把寻求可逆矩阵 $\boldsymbol{P}$，使 $\boldsymbol{P}^{-1}\boldsymbol{A}\boldsymbol{P}=\boldsymbol{\Lambda}$ 为对角阵这一过程称为把**方阵 $\boldsymbol{A}$ 对角化**.

假设已经找到可逆矩阵 $\boldsymbol{P}$，使得 $\boldsymbol{P}^{-1}\boldsymbol{A}\boldsymbol{P}=\boldsymbol{\Lambda}$ 为对角阵，我们来讨论 $\boldsymbol{P}$ 应满足什么关系.

把 $\boldsymbol{P}$ 的每一列看成一个向量，则 $\boldsymbol{P}$ 可表示为 $\boldsymbol{P}=(\boldsymbol{p}_1,\ \boldsymbol{p}_2,\ \cdots,\ \boldsymbol{p}_n)$. 由 $\boldsymbol{P}^{-1}\boldsymbol{A}\boldsymbol{P}=\boldsymbol{\Lambda}$，得 $\boldsymbol{A}\boldsymbol{P}=\boldsymbol{P}\boldsymbol{\Lambda}$，即

$$\boldsymbol{A}(\boldsymbol{p}_1,\ \boldsymbol{p}_2,\ \cdots,\ \boldsymbol{p}_n)=(\boldsymbol{p}_1,\ \boldsymbol{p}_2,\ \cdots,\ \boldsymbol{p}_n)\begin{pmatrix}\lambda_1 & & & \\ & \lambda_2 & & \\ & & \ddots & \\ & & & \lambda_n\end{pmatrix},$$

可得 $\quad \boldsymbol{A}(\boldsymbol{p}_1,\ \boldsymbol{p}_2,\ \cdots,\ \boldsymbol{p}_n)=(\lambda_1\boldsymbol{p}_1,\ \lambda_2\boldsymbol{p}_2,\ \cdots,\ \lambda_n\boldsymbol{p}_n)$，

即
$$\boldsymbol{A}\boldsymbol{p}_i=\lambda_i\boldsymbol{p}_i(i=1,\ 2,\ \cdots,\ n).$$

可见 λ_i 是 $\boldsymbol{A}$ 的特征值，而 $\boldsymbol{P}$ 的第 i 个列向量 $\boldsymbol{p}_i$ 就是矩阵 $\boldsymbol{A}$ 对应于特征值 λ_i 的特征向量. 即若方阵 $\boldsymbol{A}$ 与对角阵 $\boldsymbol{\Lambda}$ 相似，$\boldsymbol{\Lambda}$ 主对角线的元素即为 $\boldsymbol{A}$ 的特征值. 相似矩阵 $\boldsymbol{P}$ 则是以方阵 $\boldsymbol{A}$ 的特征向量为列向量构成的.

那么方阵 $\boldsymbol{A}$ 何时才能对角化呢？由上述过程可知当 $\boldsymbol{P}$ 可逆时，即当 $\boldsymbol{P}$ 的列向量组线性无关时，方阵 $\boldsymbol{A}$ 就可以对角化.

定理 4.4 **n 阶方阵 $\boldsymbol{A}$ 与对角阵相似(即 $\boldsymbol{A}$ 能对角化)的充分必要条件是 $\boldsymbol{A}$ 有 n 个线性无关的特征向量.**

证明略.

由 4.2 节特征值和特征向量的性质 5 和定理 4.4 得

推论 如果 n 阶方阵 $\boldsymbol{A}$ 有 n 个不同的特征值，则 $\boldsymbol{A}$ 与对角阵相似.

例 4.7 设 $\boldsymbol{A}=\begin{pmatrix}2 & -1\\ -1 & 2\end{pmatrix}$，求 $\boldsymbol{A}^n$.

解 先求出 $\boldsymbol{A}$ 的特征值判断 $\boldsymbol{A}$ 是否可以对角化，若可以对角化，再求出相似矩阵 $\boldsymbol{P}$ 及对角阵 $\boldsymbol{\Lambda}$，使 $\boldsymbol{P}^{-1}\boldsymbol{A}\boldsymbol{P}=\boldsymbol{\Lambda}$. 于是 $\boldsymbol{A}=\boldsymbol{P}\boldsymbol{\Lambda}\boldsymbol{P}^{-1}$，从而 $\boldsymbol{A}^n=\boldsymbol{P}\boldsymbol{\Lambda}^n\boldsymbol{P}^{-1}$. 由

$$|\boldsymbol{A}-\lambda\boldsymbol{E}|=\begin{vmatrix}2-\lambda & -1\\ -1 & 2-\lambda\end{vmatrix}=\lambda^2-4\lambda+3=(\lambda-1)(\lambda-3)$$

得 $\boldsymbol{A}$ 的特征值为 $\lambda_1=1$，$\lambda_2=3$. 由于特征值 $\lambda_1\neq\lambda_2$，所以矩阵 $\boldsymbol{A}$ 可以对角化并且对角阵为

$$\boldsymbol{\Lambda}=\begin{pmatrix}1 & 0\\ 0 & 3\end{pmatrix},\ \boldsymbol{\Lambda}^n=\begin{pmatrix}1 & 0\\ 0 & 3^n\end{pmatrix},$$

接下来求相似矩阵 $\boldsymbol{P}$，即求 $\boldsymbol{A}$ 的特征向量.

当 $\lambda_1=1$ 时，由 $\boldsymbol{A}-\boldsymbol{E}=\begin{pmatrix}1 & -1\\ -1 & 1\end{pmatrix}\overset{r}{\sim}\begin{pmatrix}1 & -1\\ 0 & 0\end{pmatrix}$，得 $\boldsymbol{\xi}_1=\begin{pmatrix}1\\ 1\end{pmatrix}$；

当 $\lambda_2=3$ 时，由 $\boldsymbol{A}-3\boldsymbol{E}=\begin{pmatrix}-1 & -1\\ -1 & -1\end{pmatrix}\overset{r}{\sim}\begin{pmatrix}1 & 1\\ 0 & 0\end{pmatrix}$，得 $\boldsymbol{\xi}_2=\begin{pmatrix}1\\ -1\end{pmatrix}$.

于是 $\boldsymbol{P}=(\boldsymbol{\xi}_1,\ \boldsymbol{\xi}_2)=\begin{pmatrix}1 & 1\\ 1 & -1\end{pmatrix}$，并求出 $\boldsymbol{P}^{-1}=\dfrac{1}{2}\begin{pmatrix}1 & 1\\ 1 & -1\end{pmatrix}$.

因此

$$\boldsymbol{A}^n=\boldsymbol{P}\boldsymbol{\Lambda}^n\boldsymbol{P}^{-1}=\frac{1}{2}\begin{pmatrix}1 & 1\\ 1 & -1\end{pmatrix}\begin{pmatrix}1 & 0\\ 0 & 3^n\end{pmatrix}\begin{pmatrix}1 & 1\\ 1 & -1\end{pmatrix}$$

$$=\frac{1}{2}\begin{pmatrix}1+3^n & 1-3^n\\ 1-3^n & 1+3^n\end{pmatrix}.$$

定理 4.4 及推论给出了一个 n 阶矩阵能对角化的条件，下面我们讨论对称矩阵对角化的问题.

4.3.4　对称矩阵的对角化

定理 4.5　设 λ_1，λ_2 是对称矩阵 $\boldsymbol{A}$ 的两个特征值，$\boldsymbol{p}_1$，$\boldsymbol{p}_2$ 是与之对应的特征向量. 若 $\lambda_1\neq\lambda_2$，则 $\boldsymbol{p}_1$ 与 $\boldsymbol{p}_2$ 正交.

证明 根据条件有 $\lambda_1 \boldsymbol{p}_1 = \boldsymbol{A}\boldsymbol{p}_1$，$\lambda_2 \boldsymbol{p}_2 = \boldsymbol{A}\boldsymbol{p}_2$，$\lambda_1 \neq \lambda_2$.

由 $\boldsymbol{A} = \boldsymbol{A}^{\mathrm{T}}$，有 $\lambda_1 \boldsymbol{p}_1^{\mathrm{T}} = (\lambda_1 \boldsymbol{p}_1)^{\mathrm{T}} = (\boldsymbol{A}\boldsymbol{p}_1)^{\mathrm{T}} = \boldsymbol{p}_1^{\mathrm{T}}\boldsymbol{A}^{\mathrm{T}} = \boldsymbol{p}_1^{\mathrm{T}}\boldsymbol{A}$，于是

$$\lambda_1 \boldsymbol{p}_1^{\mathrm{T}} \boldsymbol{p}_2 = \boldsymbol{p}_1^{\mathrm{T}} \boldsymbol{A} \boldsymbol{p}_2 = \boldsymbol{p}_1^{\mathrm{T}} (\lambda_2 \boldsymbol{p}_2) = \lambda_2 \boldsymbol{p}_1^{\mathrm{T}} \boldsymbol{p}_2,$$

即

$$(\lambda_1 - \lambda_2) \boldsymbol{p}_1^{\mathrm{T}} \boldsymbol{p}_2 = 0,$$

且 $\lambda_1 \neq \lambda_2$，所以 $\boldsymbol{p}_1^{\mathrm{T}} \boldsymbol{p}_2 = 0$，即 $\boldsymbol{p}_1$ 与 $\boldsymbol{p}_2$ 正交.

定理 4.6 **设 λ_0 是对称矩阵 $\boldsymbol{A}$ 的 k 重特征值，则 $\boldsymbol{A}$ 对应于特征值 λ_0 恰有 k 个线性无关的特征向量.**

证明略.

由此定理可知：n 阶对称矩阵 $\boldsymbol{A}$ 的 n_i 重特征值 λ_i 一定存在 n_i 个线性无关的特征向量，从而 n 阶对称矩阵 $\boldsymbol{A}$ 对应的线性无关的特征向量一定有 n 个.

由 4.1 节的定理 4.4 及上述定理可知：对称矩阵必然可以和对角阵相似，而事实上对称矩阵的对角化比一般矩阵更为特殊.

定理 4.7 **设 $\boldsymbol{A}$ 为 n 阶对称矩阵，则必有正交阵 $\boldsymbol{P}$，使得 $\boldsymbol{P}^{-1}\boldsymbol{A}\boldsymbol{P} = \boldsymbol{P}^{\mathrm{T}}\boldsymbol{A}\boldsymbol{P} = \boldsymbol{\Lambda}$，其中 $\boldsymbol{\Lambda}$ 是以 $\boldsymbol{A}$ 的 n 个特征值为对角元的对角阵.**

证明略.

我们给出将对称矩阵对角化的步骤：

1）求出 $\boldsymbol{A}$ 的全部特征值 $\lambda_1, \lambda_2, \cdots, \lambda_s$，它们的重数依次为 $k_1, k_2, \cdots, k_s$.

2）对每个 k_i 重特征值 λ_i 求得 k_i 个线性无关的特征向量. 再把它们正交化、单位化，得 k_i 个两两正交的单位特征向量.

3）把这 n 个两两正交的单位特征向量排列放置构成正交阵 $\boldsymbol{P}$，便有

$$\boldsymbol{P}^{-1}\boldsymbol{A}\boldsymbol{P} = \boldsymbol{P}^{\mathrm{T}}\boldsymbol{A}\boldsymbol{P} = \boldsymbol{\Lambda}.$$

注 $\boldsymbol{\Lambda}$ 中对角元的排列次序应与 $\boldsymbol{P}$ 中列向量的排列次序相对应.

例 4.8 设 $\boldsymbol{A} = \begin{pmatrix} 2 & -1 & -1 \\ -1 & 2 & 1 \\ -1 & 1 & 2 \end{pmatrix}$，求一个正交阵 $\boldsymbol{P}$，使 $\boldsymbol{P}^{-1}\boldsymbol{A}\boldsymbol{P} = \boldsymbol{\Lambda}$ 为对角阵.

解 由

$$|\boldsymbol{A}-\lambda\boldsymbol{E}| = \begin{vmatrix} 2-\lambda & -1 & -1 \\ -1 & 2-\lambda & 1 \\ -1 & 1 & 2-\lambda \end{vmatrix} = -(\lambda-1)^2(\lambda-4)$$

得 $\boldsymbol{A}$ 的特征值为 $\lambda_1=4$，$\lambda_2=\lambda_3=1$.

对应于 $\lambda_1=4$，解方程 $(\boldsymbol{A}-4\boldsymbol{E})\boldsymbol{x}=\boldsymbol{0}$，

$$\boldsymbol{A}-4\boldsymbol{E}=\begin{pmatrix} -2 & -1 & -1 \\ -1 & -2 & 1 \\ -1 & 1 & -2 \end{pmatrix} \overset{r}{\sim} \begin{pmatrix} 1 & 0 & 1 \\ 0 & 1 & -1 \\ 0 & 0 & 0 \end{pmatrix},$$

得基础解系 $\boldsymbol{\xi}_1=\begin{pmatrix} -1 \\ 1 \\ 1 \end{pmatrix}$.

将 $\boldsymbol{\xi}_1$ 单位化，得

$$\boldsymbol{p}_1=\frac{1}{\sqrt{3}}\begin{pmatrix} -1 \\ 1 \\ 1 \end{pmatrix}.$$

对应于 $\lambda_2=\lambda_3=1$，解方程组 $(\boldsymbol{A}-\boldsymbol{E})\boldsymbol{x}=\boldsymbol{0}$，

$$\boldsymbol{A}-\boldsymbol{E}=\begin{pmatrix} 1 & -1 & -1 \\ -1 & 1 & 1 \\ -1 & 1 & 1 \end{pmatrix} \overset{r}{\sim} \begin{pmatrix} 1 & -1 & -1 \\ 0 & 0 & 0 \\ 0 & 0 & 0 \end{pmatrix},$$

得基础解系 $\boldsymbol{\xi}_2=\begin{pmatrix} 1 \\ 1 \\ 0 \end{pmatrix}$，$\boldsymbol{\xi}_3=\begin{pmatrix} 1 \\ 0 \\ 1 \end{pmatrix}$.

将 $\boldsymbol{\xi}_2$，$\boldsymbol{\xi}_3$ 正交化：取

$$\boldsymbol{\eta}_2=\boldsymbol{\xi}_2,\ \boldsymbol{\eta}_3=\boldsymbol{\xi}_3-\frac{[\boldsymbol{\xi}_3,\ \boldsymbol{\eta}_2]}{[\boldsymbol{\eta}_2,\ \boldsymbol{\eta}_2]}\boldsymbol{\eta}_2=\frac{1}{2}\begin{pmatrix} 1 \\ -1 \\ 2 \end{pmatrix}.$$

再将 $\boldsymbol{\eta}_2$，$\boldsymbol{\eta}_3$ 单位化，得 $\boldsymbol{p}_2=\frac{1}{\sqrt{2}}\begin{pmatrix} 1 \\ 1 \\ 0 \end{pmatrix}$，$\boldsymbol{p}_3=\frac{1}{\sqrt{6}}\begin{pmatrix} 1 \\ -1 \\ 2 \end{pmatrix}$.

由 $\boldsymbol{p}_1$，$\boldsymbol{p}_2$，$\boldsymbol{p}_3$ 构成正交矩阵

$$\boldsymbol{P}=(\boldsymbol{p}_1,\ \boldsymbol{p}_2,\ \boldsymbol{p}_3)=\begin{pmatrix} -\frac{1}{\sqrt{3}} & \frac{1}{\sqrt{2}} & \frac{1}{\sqrt{6}} \\ \frac{1}{\sqrt{3}} & \frac{1}{\sqrt{2}} & -\frac{1}{\sqrt{6}} \\ \frac{1}{\sqrt{3}} & 0 & \frac{2}{\sqrt{6}} \end{pmatrix},$$

则有 $$P^{-1}AP = P^{T}AP = \begin{pmatrix} 4 & 0 & 0 \\ 0 & 1 & 0 \\ 0 & 0 & 1 \end{pmatrix}.$$

思考题 1. 设矩阵 $A = \begin{pmatrix} 0 & 0 & 1 \\ 1 & 1 & x \\ 1 & 0 & 0 \end{pmatrix}$ 可对角化，求 x.

习题 4.3

1. 若三阶矩阵 A 相似于矩阵 B，且矩阵 A 的特征值是 1，2，3，求行列式 $|2B - E|$ 的值.

2. 设 $A = \begin{pmatrix} 1 & 4 & 2 \\ 0 & -4 & 3 \\ 0 & 4 & 3 \end{pmatrix}$，求 A^{100}.

3. 试求一个正交的相似变换矩阵，将 $\begin{pmatrix} 2 & -2 & 0 \\ -2 & 1 & -2 \\ 0 & -2 & 0 \end{pmatrix}$ 化为对角阵.

4. 设 $A = \begin{pmatrix} 3 & -2 \\ -2 & 3 \end{pmatrix}$，求 $\varphi(A) = A^{10} - 5A^{9}$.

4.4 二次型及其标准形

4.4.1 二次型

定义 4.9 含有 n 个变量 $x_1, x_2, \cdots, x_n$ 的二次齐次函数

$$f(x_1, x_2, \cdots, x_n) = a_{11}x_1^2 + a_{22}x_2^2 + \cdots + a_{nn}x_n^2 + 2a_{12}x_1x_2 + 2a_{13}x_1x_3 + \cdots + 2a_{n-1,n}x_{n-1}x_n \tag{4-2}$$

称为**二次型**.

由式(4-2)，利用矩阵，二次型可表示为

$$\begin{aligned} f = & a_{11}x_1^2 + a_{12}x_1x_2 + \cdots + a_{1n}x_1x_n + \\ & a_{21}x_2x_1 + a_{22}x_2^2 + \cdots + a_{2n}x_2x_n + \cdots + \\ & a_{n1}x_nx_1 + a_{n2}x_nx_2 + \cdots + a_{nn}x_n^2 \end{aligned}$$

$$= (x_1, x_2, \cdots, x_n)\begin{pmatrix} a_{11}x_1 + a_{12}x_2 + \cdots + a_{1n}x_n \\ a_{21}x_1 + a_{22}x_2 + \cdots + a_{2n}x_n \\ \vdots \\ a_{n1}x_1 + a_{n2}x_2 + \cdots + a_{nn}x_n \end{pmatrix}$$

$$= (x_1, x_2, \cdots, x_n)\begin{pmatrix} a_{11} & a_{12} & \cdots & a_{1n} \\ a_{21} & a_{22} & \cdots & a_{2n} \\ \vdots & \vdots & & \vdots \\ a_{n1} & a_{n2} & \cdots & a_{nn} \end{pmatrix}\begin{pmatrix} x_1 \\ x_2 \\ \vdots \\ x_n \end{pmatrix},$$

记 $\boldsymbol{A} = \begin{pmatrix} a_{11} & a_{12} & \cdots & a_{1n} \\ a_{21} & a_{22} & \cdots & a_{2n} \\ \vdots & \vdots & & \vdots \\ a_{n1} & a_{n2} & \cdots & a_{nn} \end{pmatrix}$, $\boldsymbol{x} = \begin{pmatrix} x_1 \\ x_2 \\ \vdots \\ x_n \end{pmatrix}$，则二次型可简洁地写成

$$f = \boldsymbol{x}^{\mathrm{T}}\boldsymbol{A}\boldsymbol{x},$$

其中 $\boldsymbol{A}$ 为对称阵.

例如，二次型 $f = x_1^2 + 2x_1x_2 + 2x_2^2 + 4x_2x_3 + 4x_3^2$ 可写成

$$f = (x_1, x_2, x_3)\begin{pmatrix} 1 & 1 & 0 \\ 1 & 2 & 2 \\ 0 & 2 & 4 \end{pmatrix}\begin{pmatrix} x_1 \\ x_2 \\ x_3 \end{pmatrix}.$$

给定一个二次型，就唯一地确定了一个对称阵；反之，给定一个对称阵，也可唯一地确定一个二次型. 这样，二次型与对称阵之间存在一一对应的关系. 因此，我们把对称阵 $\boldsymbol{A}$ 叫做**二次型 f 的矩阵**，也把 f 称为**矩阵 $\boldsymbol{A}$ 的二次型**. 对称阵 $\boldsymbol{A}$ 的秩称为**二次型 f 的秩**.

对于二次型，我们讨论的主要问题是：寻求可逆的线性变换

$$\begin{cases} x_1 = p_{11}y_1 + p_{12}y_2 + \cdots + p_{1n}y_n, \\ x_2 = p_{21}y_1 + p_{22}y_2 + \cdots + p_{2n}y_n, \\ \qquad\vdots \\ x_n = p_{n1}y_1 + p_{n2}y_2 + \cdots + p_{nn}y_n, \end{cases} \tag{4-3}$$

使二次型只含平方项，也就是将式(4-3)代入式(4-2)，能使

$$f = \lambda_1 y_1^2 + \lambda_2 y_2^2 + \cdots + \lambda_n y_n^2.$$

像这种只含平方项的二次型，称为二次型的**标准形**.

4.4.2 化二次型为标准形

1. 正交变换法

要使二次型经可逆变换 $\boldsymbol{x}=\boldsymbol{P}\boldsymbol{y}$ 变成标准形，这就是要

$$\begin{aligned} f &= \boldsymbol{x}^{\mathrm{T}}\boldsymbol{A}\boldsymbol{x} \\ &= (\boldsymbol{P}\boldsymbol{y})^{\mathrm{T}}\boldsymbol{A}(\boldsymbol{P}\boldsymbol{y}) \\ &= \boldsymbol{y}^{\mathrm{T}}(\boldsymbol{P}^{\mathrm{T}}\boldsymbol{A}\boldsymbol{P})\boldsymbol{y} \\ &= \lambda_1 y_1^2+\lambda_2 y_2^2+\cdots+\lambda_n y_n^2 \\ &= (y_1, y_2, \cdots, y_n)\begin{pmatrix} \lambda_1 & & & \\ & \lambda_2 & & \\ & & \ddots & \\ & & & \lambda_n \end{pmatrix}\begin{pmatrix} y_1 \\ y_2 \\ \vdots \\ y_n \end{pmatrix}, \end{aligned}$$

也就是要使 $\boldsymbol{P}^{\mathrm{T}}\boldsymbol{A}\boldsymbol{P}$ 成为对角阵，因此我们的主要任务就是：对于对称矩阵 $\boldsymbol{A}$，寻求可逆矩阵 $\boldsymbol{P}$，使得 $\boldsymbol{P}^{\mathrm{T}}\boldsymbol{A}\boldsymbol{P}$ 为对角阵.

由上节定理4.7可知，任给对称阵 $\boldsymbol{A}$，总有正交阵 $\boldsymbol{P}$，使 $\boldsymbol{P}^{-1}\boldsymbol{A}\boldsymbol{P}=\boldsymbol{\Lambda}$，即 $\boldsymbol{P}^{\mathrm{T}}\boldsymbol{A}\boldsymbol{P}=\boldsymbol{\Lambda}$. $\boldsymbol{\Lambda}$ 是以 $\boldsymbol{A}$ 的 n 个特征值为对角元的对角阵，于是有下面的定理成立.

定理 4.8 **任给二次型 $f(x_1, x_2, \cdots, x_n)=\boldsymbol{x}^{\mathrm{T}}\boldsymbol{A}\boldsymbol{x}$（其中 $\boldsymbol{A}$ 为对称阵），一定存在正交变换 $\boldsymbol{x}=\boldsymbol{P}\boldsymbol{y}$，可以将二次型 f 化为标准形，**

$$f=\boldsymbol{y}^{\mathrm{T}}\boldsymbol{\Lambda}\boldsymbol{y}=\lambda_1 y_1^2+\lambda_2 y_2^2+\cdots+\lambda_n y_n^2,$$

其中 $\lambda_1, \lambda_2, \cdots, \lambda_n$ 为对角矩阵 $\boldsymbol{\Lambda}$ 的主对角线上的元，即为 $\boldsymbol{A}$ 的特征值. $\boldsymbol{P}$ 的列向量 $\boldsymbol{p}_1, \boldsymbol{p}_2, \cdots, \boldsymbol{p}_n$ 分别为对应于 $\lambda_1, \lambda_2, \cdots, \lambda_n$ 的正交单位特征向量.

证明略.

将二次型化为标准形的过程，就是把二次型所对应的对称阵化为对角阵的过程. 对角阵主对角线上的元素即为标准形中平方项的系数. $\boldsymbol{P}^{-1}\boldsymbol{A}\boldsymbol{P}=\boldsymbol{P}^{\mathrm{T}}\boldsymbol{A}\boldsymbol{P}=\boldsymbol{\Lambda}$，正交阵 $\boldsymbol{P}$ 即为所用变换矩阵.

例 4.9 用正交变换将二次型

$$f=x_1^2-2x_2^2-2x_3^2-4x_1x_2+4x_1x_3+8x_2x_3$$

化为标准形，并求出所用的正交变换.

解 (1) 写出二次型的矩阵

$$A=\begin{pmatrix}1&-2&2\\-2&-2&4\\2&4&-2\end{pmatrix}.$$

(2) 求出 A 的全部特征值及其正交的特征向量

$$|A-\lambda E|=\begin{vmatrix}1-\lambda&-2&2\\-2&-2-\lambda&4\\2&4&-2-\lambda\end{vmatrix}=(\lambda-2)^2(\lambda+7),$$

所以 A 的特征值为 $\lambda_1=\lambda_2=2$, $\lambda_3=-7$.

对应于 $\lambda_1=\lambda_2=2$, 解方程 $(A-2E)x=0$

$$A-2E=\begin{pmatrix}-1&-2&2\\-2&-4&4\\2&4&-4\end{pmatrix}\overset{r}{\sim}\begin{pmatrix}1&2&-2\\0&0&0\\0&0&0\end{pmatrix},$$

得基础解系

$$\xi_1=\begin{pmatrix}-2\\1\\0\end{pmatrix},\ \xi_2=\begin{pmatrix}2\\0\\1\end{pmatrix}.$$

将 ξ_1, ξ_2 正交化, 得

$$\eta_1=\xi_1=\begin{pmatrix}-2\\1\\0\end{pmatrix},$$

$$\eta_2=\xi_2-\frac{(\xi_2,\eta_1)}{(\eta_1,\eta_1)}\eta_1=\frac{1}{5}\begin{pmatrix}2\\4\\5\end{pmatrix}.$$

对应于 $\lambda_3=-7$, 解方程 $(A+7E)x=0$,

$$A+7E=\begin{pmatrix}8&-2&2\\-2&5&4\\2&4&5\end{pmatrix}\overset{r}{\sim}\begin{pmatrix}1&0&\frac{1}{2}\\0&1&1\\0&0&0\end{pmatrix}$$

得基础解系为

$$\xi_3=\begin{pmatrix}1\\2\\-2\end{pmatrix}.$$

(3) 将正交的特征向量单位化, 并写出正交变换.

单位化后的三个向量分别为

$$p_1=\frac{\eta_1}{\|\eta_1\|}=\frac{1}{\sqrt{5}}\begin{pmatrix}-2\\1\\0\end{pmatrix},\ p_2=\frac{1}{3\sqrt{5}}\begin{pmatrix}2\\4\\5\end{pmatrix},\ p_3=\frac{1}{3}\begin{pmatrix}1\\2\\-2\end{pmatrix},$$

取正交矩阵 $P=(p_1, p_2, p_3)=\begin{pmatrix}-\frac{2}{\sqrt{5}} & \frac{2}{3\sqrt{5}} & \frac{1}{3}\\ \frac{1}{\sqrt{5}} & \frac{4}{3\sqrt{5}} & \frac{2}{3}\\ 0 & \frac{5}{3\sqrt{5}} & -\frac{2}{3}\end{pmatrix}$，对应所求的正交变换为 $x=Py$，即

$$\begin{pmatrix}x_1\\x_2\\x_3\end{pmatrix}=\begin{pmatrix}-\frac{2}{\sqrt{5}} & \frac{2}{3\sqrt{5}} & \frac{1}{3}\\ \frac{1}{\sqrt{5}} & \frac{4}{3\sqrt{5}} & \frac{2}{3}\\ 0 & \frac{5}{3\sqrt{5}} & -\frac{2}{3}\end{pmatrix}\begin{pmatrix}y_1\\y_2\\y_3\end{pmatrix}.$$

（4）写出 f 的标准形

经过变换 $x=Py$ 后所得二次型的标准形为

$$f=2y_1^2+2y_2^2-7y_3^2.$$

2. 配方法

如果不限于用正交变换，那么还有很多种方法可以把二次型化为标准形，在此，我们通过举例来说明如何用配方法化二次型为标准形.

例 4.10 化二次型

$$f=x_1^2+2x_3^2+2x_1x_3+2x_2x_3$$

为标准形，并求出所用的变换矩阵.

解 由于 f 中含有 x_1 的平方项，故先把含 x_1 的所有项归并起来再进行配方得

$$\begin{aligned} f &= (x_1^2+2x_1x_3)+2x_3^2+2x_2x_3 \\ &= (x_1+x_3)^2+x_3^2+2x_2x_3. \end{aligned}$$

此式中含有 x_3 的平方项，再把所有含 x_3 的项集中起来进行配

方得

$$f=(x_1+x_3)^2+(x_2+x_3)^2-x_2^2,$$

或写成

$$f=(x_1+x_3)^2-x_2^2+(x_2+x_3)^2.$$

令

$$\begin{cases} y_1=x_1+x_3, \\ y_2=x_2, \\ y_3=x_2+x_3, \end{cases}$$

即

$$\begin{cases} x_1=y_1+y_2-y_3, \\ x_2=\qquad y_2, \\ x_3=\quad -y_2+y_3, \end{cases}$$

把 f 化为标准形 $f=y_1^2-y_2^2+y_3^2$. 所用变换 $\boldsymbol{x}=\boldsymbol{C}\boldsymbol{y}$ 对应的矩阵为

$$\boldsymbol{C}=\begin{pmatrix} 1 & 1 & -1 \\ 0 & 1 & 0 \\ 0 & -1 & 1 \end{pmatrix}(\,|\boldsymbol{C}|=1\neq 0).$$

例 4.11　化二次型

$$f=x_1^2+2x_2^2+5x_3^2+2x_1x_2+2x_1x_3+6x_2x_3$$

成标准形，并求出所用的变换矩阵.

解　由于 f 中含有 x_1 的平方项，故把含 x_1 的项归并起来，配方可得

$$\begin{aligned} f &= x_1^2+2x_1x_2+2x_1x_3+2x_2^2+5x_3^2+6x_2x_3 \\ &= (x_1+x_2+x_3)^2-x_2^2-x_3^2-2x_2x_3+2x_2^2+5x_3^2+6x_2x_3 \\ &= (x_1+x_2+x_3)^2+x_2^2+4x_2x_3+4x_3^2, \end{aligned}$$

上式右端除第一项外已不再含 x_1. 继续配方，可得

$$f=(x_1+x_2+x_3)^2+(x_2+2x_3)^2.$$

令

$$\begin{cases} y_1=x_1+x_2+x_3, \\ y_2=\qquad x_2+2x_3, \\ y_3=\qquad\qquad x_3, \end{cases}$$

解得

$$\begin{cases} x_1 = y_1 - y_2 + y_3, \\ x_2 = \qquad y_2 - 2y_3, \\ x_3 = \qquad\qquad y_3, \end{cases}$$

即

$$\begin{pmatrix} x_1 \\ x_2 \\ x_3 \end{pmatrix} = \begin{pmatrix} 1 & -1 & 1 \\ 0 & 1 & -2 \\ 0 & 0 & 1 \end{pmatrix} \begin{pmatrix} y_1 \\ y_2 \\ y_3 \end{pmatrix},$$

就把 f 化为标准形 $f = y_1^2 + y_2^2$，所用变换矩阵为

$$\boldsymbol{C} = \begin{pmatrix} 1 & -1 & 1 \\ 0 & 1 & -2 \\ 0 & 0 & 1 \end{pmatrix} (|\boldsymbol{C}| = 1 \neq 0).$$

思考题 1. 用配方法将二次型 $f = 2x_1x_2 + 2x_1x_3 + 6x_2x_3$ 化为标准形.（提示：对于不含平方项的二次型可先令 $\begin{cases} x_1 = y_1 + y_2, \\ x_2 = y_1 - y_2, \\ x_3 = y_3, \end{cases}$ 构造出交叉项后再用配方法化二次型为标准形）.

2. 已知二次型 $\boldsymbol{x}^{\mathrm{T}}\boldsymbol{A}\boldsymbol{x} = x_1^2 - 5x_2^2 + x_3^2 + 2ax_1x_2 + 2x_1x_3 + 2bx_2x_3$ 的秩为 2，$(2, 1, 2)^{\mathrm{T}}$ 是 $\boldsymbol{A}$ 的特征向量，那么经过正交变换后二次型的标准形是？

习题 4.4

1. 用矩阵记号表示下列二次型：

（1）$f = x_1^2 + 4x_2^2 + 3x_3^2 + 8x_1x_2 + 10x_1x_3$；

（2）$f = 5x^2 + 3y^2 - 12xy + 8yz$.

2. 写出下列二次型的矩阵：

（1）$f(\boldsymbol{x}) = \boldsymbol{x}^{\mathrm{T}} \begin{pmatrix} 3 & 5 \\ 3 & 4 \end{pmatrix} \boldsymbol{x}$；

（2）$f(\boldsymbol{x}) = \boldsymbol{x}^{\mathrm{T}} \begin{pmatrix} 1 & 3 & 4 \\ 1 & 5 & 6 \\ 2 & 2 & 7 \end{pmatrix} \boldsymbol{x}$.

3. 用正交变换把二次型 $f = x_1^2 + x_2^2 + x_3^2 + 2x_1x_3$ 化为标准形.

4. 用配方法化二次型 $f(x_1, x_2, x_3) = x_1^2 + 2x_2^2 + 5x_3^2 + 2x_1x_2 + 4x_2x_3$ 为标准形.

4.5 应用举例与数学实验

4.5.1 应用举例

例 4.12（预测人才流动及商品的销售趋势）　在某城市有 15 万人具有本科以上学历，其中 1.5 万人是教师，据调查，平均每年有 10% 的人从教师职业转为其他职业，又有 1% 的人从其他职业转为教师职业，预计 10 年以后这 15 万人中还有多少人在从事教师职业.

解　用 $\boldsymbol{x}^{(i)}$ 表示第 i 年后从事教师职业和其他职业的人数，则 $\boldsymbol{x}^{(0)}=\begin{pmatrix}1.5\\13.5\end{pmatrix}$，用矩阵 $\boldsymbol{A}=\begin{pmatrix}0.90 & 0.01\\0.10 & 0.99\end{pmatrix}$ 表示教师职业和其他职业间的转移，其中 $a_{11}=0.90$ 表示每年有 90% 的人原来是教师现在还是教师，$a_{21}=0.10$ 表示每年有 10% 的人从教师职业转为其他职业，显然

$$\boldsymbol{x}^{(1)}=\boldsymbol{A}\boldsymbol{x}^{(0)}=\begin{pmatrix}0.90 & 0.01\\0.10 & 0.99\end{pmatrix}\begin{pmatrix}1.5\\13.5\end{pmatrix}=\begin{pmatrix}1.485\\13.515\end{pmatrix},$$

即一年后，从事教师职业和其他职业的人数分别为 1.485 万和 13.515 万. 又

$$\boldsymbol{x}^{(2)}=\boldsymbol{A}\boldsymbol{x}^{(1)}=\boldsymbol{A}^2\boldsymbol{x}^{(0)},\ \cdots,\ \boldsymbol{x}^{(n)}=\boldsymbol{A}\boldsymbol{x}^{(n-1)}=\boldsymbol{A}^n\boldsymbol{x}^{(0)},$$

所以 $\boldsymbol{x}^{(10)}=\boldsymbol{A}^{10}\boldsymbol{x}^{(0)}$，为计算 $\boldsymbol{A}^{10}$ 需要先将 $\boldsymbol{A}$ 对角化.

由 $|\boldsymbol{A}-\lambda\boldsymbol{E}|=\begin{vmatrix}0.9-\lambda & 0.01\\0.1 & 0.99-\lambda\end{vmatrix}=(0.9-\lambda)(0.99-\lambda)-0.001=0$

得 $\lambda_1=1$，$\lambda_2=0.89$，$\lambda_1\neq\lambda_2$，故 $\boldsymbol{A}$ 可对角化.

将 $\lambda_1=1$ 代入 $(\boldsymbol{A}-\lambda\boldsymbol{E})=\boldsymbol{0}$，得特征向量 $\boldsymbol{p}_1=\begin{pmatrix}1\\10\end{pmatrix}$.

将 $\lambda_2=0.89$ 代入 $(\boldsymbol{A}-\lambda\boldsymbol{E})=\boldsymbol{0}$，得特征向量 $\boldsymbol{p}_2=\begin{pmatrix}1\\-1\end{pmatrix}$.

令 $\boldsymbol{P}=(\boldsymbol{p}_1,\boldsymbol{p}_2)=\begin{pmatrix}1 & 1\\10 & -1\end{pmatrix}$，有

$\boldsymbol{P}^{-1}\boldsymbol{A}\boldsymbol{P}=\boldsymbol{\Lambda}=\begin{pmatrix}1 & 0\\0 & 0.89\end{pmatrix}$，得

$$A = P\Lambda P^{-1},\ A^{10} = P\Lambda^{10}P^{-1},$$

而

$$P^{-1} = -\frac{1}{11}\begin{pmatrix} -1 & -1 \\ -10 & 1 \end{pmatrix} = \frac{1}{11}\begin{pmatrix} 1 & 1 \\ 10 & -1 \end{pmatrix},$$

所以

$$\begin{aligned} x^{(10)} &= P\Lambda^{10}P^{-1}x^{(0)} \\ &= \frac{1}{11}\begin{pmatrix} 1 & 1 \\ 10 & -1 \end{pmatrix}\begin{pmatrix} 1 & 0 \\ 0 & 0.89^{10} \end{pmatrix}\begin{pmatrix} 1 & 1 \\ 10 & -1 \end{pmatrix}\begin{pmatrix} 1.5 \\ 13.5 \end{pmatrix} \\ &= \begin{pmatrix} 1.4062 \\ 13.5938 \end{pmatrix}. \end{aligned}$$

所以 10 年后，15 万人中有 1.41 万人仍是教师，有 13.59 万人从事其他职业.

例 4.13（最值问题） 求二次多项式

$$f = x_1^2 + 5x_2^2 + 8x_3^2 + 24x_4^2 + 4x_1x_2 + 2x_1x_3 + 8x_1x_4 + 8x_2x_3 + 16x_2x_4 + 8x_3x_4 + 10x_1 + 12x_2 - 4x_3 - 17$$

的极值.

解 先对二次项进行配方化简，

$$f = (x_1 + 2x_2 + x_3 + 4x_4)^2 + (x_2 + 2x_3)^2 + 3x_3^2 + 8x_4^2 + 10x_1 + 12x_2 - 4x_3 - 17$$

令

$$\begin{cases} y_1 = x_1 + 2x_2 + x_3 + 4x_4, \\ y_2 = x_2 + 2x_3, \\ y_3 = x_3, \\ y_4 = x_4, \end{cases}$$

则

$$\begin{cases} x_1 = y_1 - 2y_2 + 3y_3 - 4y_4, \\ x_2 = y_2 - 2y_3, \\ x_3 = y_3, \\ x_4 = y_4, \end{cases}$$

$$f = y_1^2 + y_2^2 + 3y_3^2 + 8y_4^2 + 10y_1 - 8y_2 + 2y_3 - 40y_4 - 17.$$

再对 $y_i(i = 1, 2, 3, 4)$ 配方，得

$$f = (y_1 + 5)^2 + (y_2 - 4)^2 + 3\left(y_3 + \frac{1}{3}\right)^2 + 8\left(y_4 - 2\frac{1}{2}\right)^2 - 108\frac{1}{3},$$

显然当 $y_1 = -5$，$y_2 = 4$，$y_3 = -\frac{1}{3}$，$y_4 = 2\frac{1}{2}$，即 $x_1 = -24$，x_2

$=4\frac{2}{3}$，$x_3=-\frac{1}{3}$，$x_4=2\frac{1}{2}$时，f 有极小值 $-108\frac{1}{3}$.

4.5.2 数学实验

特征值和特征向量是线性代数中非常重要的概念，在实际问题中，我们也会经常遇到求解矩阵的特征值与特征向量的问题.

1. 相关命令

dot(A,B)表示求内积运算；

poly(A)表示求矩阵 $\boldsymbol{A}$ 的特征多项式；

[V,D] = eig(A)表示返回方阵 $\boldsymbol{A}$ 的特征值矩阵 $\boldsymbol{D}$ 与特征向量矩阵 $\boldsymbol{V}$，满足 $\boldsymbol{AV}=\boldsymbol{DV}$.

2. 实验举例

例 4.14　求矩阵 $\boldsymbol{A}=\begin{pmatrix}3 & -1\\ -1 & 3\end{pmatrix}$的特征值和特征向量.

解：输入 MATLAB 命令：

```
exam4_51.m
A=[3,-1;-1,3];
p=poly2str(poly(A),'x') %求矩阵 的特征多项式
[V,D]=eig(A)
```

运行结果为：

```
命令行窗口
>> exam4_51

p =

   x^2 - 6 x + 8


V =

  -0.7071   -0.7071
  -0.7071    0.7071


D =

     2     0
     0     4
```

结果表明：$\boldsymbol{A}$ 的特征多项式为 x^2-6x+8，特征值为 $\lambda_1=2$，$\lambda_2=4$，$\lambda_1=2$ 对应的特征向量是 $k_1\boldsymbol{p}_1$，其中 $\boldsymbol{p}_1=\begin{pmatrix}-0.7071\\ -0.7071\end{pmatrix}$，$\lambda_2=4$

对应的特征向量是 $k_2\boldsymbol{p}_2$，其中 $\boldsymbol{p}_2=\begin{pmatrix}-0.7071\\0.7071\end{pmatrix}$.

例 4.15 用正交变换化二次型

$$f=x_1^2-2x_2^2-2x_3^2+4x_1x_3+8x_2x_3$$

为标准形，并求出所用的正交变换.

解：(1) 写出二次型的矩阵

$$\boldsymbol{A}=\begin{pmatrix}1&-2&2\\-2&-2&4\\2&4&-2\end{pmatrix}.$$

(2) 把二次型化为标准形就相当于将矩阵 $\boldsymbol{A}$ 对角化. MATLAB 命令如下：

```
exam4_52.m
format short
A=[1 -2 2;-2 -2 4;2 4 -2];
[P,D]=eig(A)
```

运行结果为：

```
命令行窗口
>> exam4_52

P =

    0.3333    0.9339   -0.1293
    0.6667   -0.3304   -0.6681
   -0.6667    0.1365   -0.7327


D =

   -7.0000         0         0
         0    2.0000         0
         0         0    2.0000
```

由题意知 $\boldsymbol{X}=\boldsymbol{PY}$，故所求正交变换为 $\boldsymbol{y}=\boldsymbol{P}^{-1}\boldsymbol{x}$，所得标准形为 $f=-7y_1^2+2y_2^2+2y_3^2$.

总习题 4

1. 填空题.

(1) 已知向量 $\boldsymbol{a}=\begin{pmatrix}1\\1\\1\end{pmatrix}$, $\boldsymbol{b}=\begin{pmatrix}1\\c\\1\end{pmatrix}$, $\boldsymbol{a}$ 与 $\boldsymbol{b}$ 正交，求常数 c

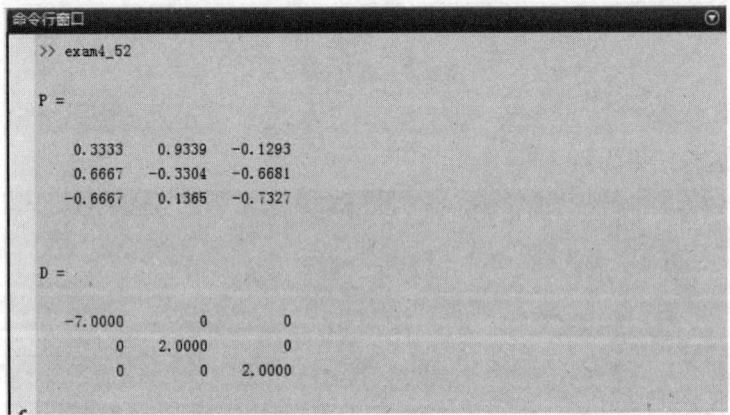

= ____________；

(2) 已知三阶矩阵 $\boldsymbol{A}$ 的特征值是 0, 1, −2, 矩阵 $\boldsymbol{B}=2\boldsymbol{A}^3+\boldsymbol{A}^2-3\boldsymbol{E}$, 则矩阵 $\boldsymbol{B}$ 的特征值为____________；

(3) 设 $\boldsymbol{A}$ 为 n 阶可逆矩阵, λ 是 $\boldsymbol{A}$ 的特征根, 则 $\boldsymbol{A}$ 的伴随矩阵 $\boldsymbol{A}^*$ 必有特征值____________；

(4) 若 n 阶矩阵 $\boldsymbol{A}$ 满足 $|2\boldsymbol{A}+3\boldsymbol{E}|=0$, 则 $\boldsymbol{A}$ 必有特征值____________；

(5) 二次型 $f=(x_1, x_2)\begin{pmatrix}2 & 1\\3 & 1\end{pmatrix}\begin{pmatrix}x_1\\x_2\end{pmatrix}$ 的矩阵为____________.

2. 求矩阵 $\boldsymbol{A}=\begin{pmatrix}1 & 2 & 2\\2 & 1 & 2\\2 & 2 & 1\end{pmatrix}$ 的特征值和特征向量.

3. 已知矩阵 $\boldsymbol{A}=\begin{pmatrix}7 & 4 & -1\\4 & 7 & -1\\-4 & -4 & x\end{pmatrix}$ 的特征值为 $\lambda_1=\lambda_2=3$, $\lambda_3=12$, 求 x 的值并求其特征向量.

4. 设三阶矩阵 $\boldsymbol{A}$ 的特征值为 $\lambda_1=2$, $\lambda_2=-2$, $\lambda_3=1$, 对应的特征向量依次为

$$\boldsymbol{p}_1=\begin{pmatrix}0\\1\\1\end{pmatrix}, \boldsymbol{p}_2=\begin{pmatrix}1\\1\\1\end{pmatrix}, \boldsymbol{p}_3=\begin{pmatrix}1\\1\\0\end{pmatrix}, \text{求 } \boldsymbol{A}.$$

5. 用正交变换把二次型 $f=2x_1^2+3x_2^2+3x_3^2+4x_2x_3$ 化为标准形.

6. 用配方法化二次型, 并写出所用的变换矩阵.

(1) $f(x_1, x_2, x_3)=x_1^2+2x_3^2+2x_1x_3+2x_2x_3$；

(2) $f(x_1, x_2, x_3)=x_1^2+2x_2^2+2x_1x_2-2x_1x_3$.

7. 设 $\boldsymbol{A}$ 为 n 阶矩阵,满足 $\boldsymbol{A}^2=\boldsymbol{A}$,求矩阵 $\boldsymbol{A}$ 的特征值.

8. 设 $\boldsymbol{A}$ 为 3 阶矩阵,$\boldsymbol{A}$ 的特征值为 1,3,5,试求行列式 $|\boldsymbol{A}^*-2\boldsymbol{E}|$ 的值,其中 $\boldsymbol{A}^*$ 是 $\boldsymbol{A}$ 的伴随矩阵.

附　录

附录 A　连加号、连乘号及其性质

定义 1　n 个数 $a_1, a_2, \cdots, a_n$ 的和 $a_1 + a_2 + \cdots + a_n$ 可简记为 $\sum_{i=1}^{n} a_i$，即

$$\sum_{i=1}^{n} a_i = a_1 + a_2 + \cdots + a_n,$$

其中，符号“Σ”称为**连加号**，a_i 表示一般项，Σ 上、下的数字 n 和 1 表示 i 的取值范围，n 和 1 称为**求和指标**.

性质 1　$\sum_{i=1}^{n}(a_i \pm b_i) = \sum_{i=1}^{n} a_i \pm \sum_{i=1}^{n} b_i$；

性质 2　$\sum_{i=1}^{n} k a_i = k \sum_{i=1}^{n} a_i$，其中 k 是与 i 无关的常数；

性质 3　$\sum_{i=1}^{n} \sum_{j=1}^{m} a_{ij} = \sum_{j=1}^{m} \sum_{i=1}^{n} a_{ij}$.

定义 2　n 个数 $a_1, a_2, \cdots, a_n$ 的乘积 $a_1 \cdot a_2 \cdot \cdots \cdot a_n$ 可简记为 $\prod_{i=1}^{n} a_i$，即

$$\prod_{i=1}^{n} a_i = a_1 \cdot a_2 \cdot \cdots \cdot a_n,$$

其中，符号“Π”称为**连乘号**，a_i 表示一般项，Π 上、下的数字 n 和 1 表示 i 的取值范围.

性质 4　$\prod_{i=1}^{n} k a_i = k^n \prod_{i=1}^{n} a_i$，其中 k 是与 i 无关的常数.

附录B　习题参考答案

习题1.1

1. 将石头、剪刀和布分别编号为1, 2, 3, 若令

$$a_{ij}=\begin{cases}1, & i\text{胜}j,\\ -1, & j\text{胜}i,\\ 0, & i\text{与}j\text{平局},\end{cases}$$

则

$$\boldsymbol{A}=(a_{ij})=\begin{pmatrix}0&1&-1\\-1&0&1\\1&-1&0\end{pmatrix}.$$

2. 将团部 O 与三个哨所 A, B, C 分别编号为1, 2, 3, 4, 若令 a_{ij} 表示 i 与 j 两地间架设线路所需的费用, 则

$$\boldsymbol{A}=(a_{ij})=\begin{pmatrix}0&1.5&3.5&3\\1.5&0&1&2\\3.5&1&0&1.5\\3&2&1.5&0\end{pmatrix}.$$

习题1.2

1. $\begin{pmatrix}2&-2&2&-2\\-2&2&-2&2\end{pmatrix}$, $\begin{pmatrix}2&4\\4&2\end{pmatrix}$.

2. $\begin{pmatrix}1&-2&-4&1\\2&-3&5&-2\\3&-4&6&3\end{pmatrix}\begin{pmatrix}x_1\\x_2\\x_3\\x_4\end{pmatrix}=\begin{pmatrix}1\\1\\1\end{pmatrix}$.

3. (1) 6;

(2) $\begin{pmatrix}3&3&3\\1&1&1\\2&2&2\end{pmatrix}$;

(3) $a_{11}x_1^2+a_{12}x_1x_2+a_{21}x_1x_2+a_{22}x_2^2$.

4. 3次.

5. 略.

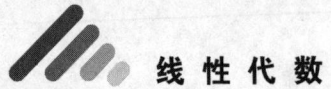

习题 1.3

1. (1) $\begin{pmatrix} 1 & 0 & 0 & 5 \\ 0 & 0 & 1 & -3 \\ 0 & 0 & 0 & 0 \end{pmatrix}$;

(2) $\begin{pmatrix} 0 & 1 & 0 & 5 \\ 0 & 0 & 1 & 3 \\ 0 & 0 & 0 & 0 \end{pmatrix}$; (3) $\begin{pmatrix} 1 & 0 & 0 & -\frac{3}{2} \\ 0 & 1 & 0 & \frac{3}{2} \\ 0 & 0 & 1 & \frac{1}{2} \end{pmatrix}$.

2. (1) $(x_1, x_2, x_3, x_4)^{\mathrm{T}} = c_1 \begin{pmatrix} -3/2 \\ 7/2 \\ 1 \\ 0 \end{pmatrix} + c_2 \begin{pmatrix} -1 \\ -2 \\ 0 \\ 1 \end{pmatrix}$ (c_1, c_2 为任意常数);

(2) $(x_1, x_2, x_3)^{\mathrm{T}} = \begin{pmatrix} 5/7 \\ -3/7 \\ 0 \end{pmatrix} + c_1 \begin{pmatrix} -1/7 \\ 9/7 \\ 1 \end{pmatrix}$ (c_1 为任意常数).

3. $y = 2 - \frac{1}{2}x + \frac{1}{2}x^2$.

习题 1.4

1. (1) $\begin{pmatrix} -3 & 2 \\ 2 & -1 \end{pmatrix}$;

(2) $\begin{pmatrix} -2 & -1 & 1 \\ -3 & -1 & 1 \\ -2 & 0 & 1 \end{pmatrix}$;

(3) $\begin{pmatrix} 1 & 0 & 0 \\ -\frac{1}{2} & \frac{1}{2} & 0 \\ 0 & -\frac{1}{3} & \frac{1}{3} \end{pmatrix}$;

(4) $\begin{pmatrix} 1 & -2 & 1 & 0 \\ 0 & 1 & -2 & 1 \\ 0 & 0 & 1 & -2 \\ 0 & 0 & 0 & 1 \end{pmatrix}$.

2. (1) $\begin{pmatrix} \frac{4}{11} & \frac{3}{11} \\ -\frac{1}{11} & \frac{2}{11} \end{pmatrix}$;

(2) $\begin{pmatrix} 4 & 10 \\ -2 & -4 \\ -1 & -3 \end{pmatrix}$.

3. $\begin{pmatrix} 2 & \frac{5}{2} \\ -1 & -\frac{3}{2} \end{pmatrix}$.

4. (1) $\begin{pmatrix} y_1 \\ y_2 \\ \vdots \\ y_m \end{pmatrix} = \begin{pmatrix} a_{11} & a_{12} & \cdots & a_{1n} \\ a_{21} & a_{22} & \cdots & a_{2n} \\ \vdots & \vdots & & \vdots \\ a_{m1} & a_{m2} & \cdots & a_{mn} \end{pmatrix} \begin{pmatrix} x_1 \\ x_2 \\ \vdots \\ x_n \end{pmatrix}$;

(2) $\begin{cases} x_1 = \frac{1}{2}y_1 + 2y_2 - \frac{3}{2}y_3, \\ x_2 = \quad - y_2 + y_3, \\ x_3 = -\frac{1}{2}y_1 + y_2 - \frac{1}{2}y_3. \end{cases}$

总习题 1

1. (1) 3, 2;

(2) 3×2;

(3) 2, 0, 0;

(4) $\begin{pmatrix} 5 & 9 \\ 6 & 10 \end{pmatrix}$;

(5) $\begin{pmatrix} 1 & -1 \\ 0 & 1 \end{pmatrix}$.

2. (1) $\begin{pmatrix}1&0&0\\0&1&0\\0&0&1\end{pmatrix}$;

(2) $\begin{pmatrix}1&0&0&-1\\0&1&0&-2\\0&0&1&2\\0&0&0&0\end{pmatrix}$.

3. (1) $\begin{pmatrix}-\frac{3}{4}&\frac{3}{4}&\frac{1}{4}\\-1&0&1\\\frac{5}{4}&-\frac{1}{4}&-\frac{3}{4}\end{pmatrix}$;

(2) $\begin{pmatrix}\frac{22}{3}&\frac{13}{3}&\frac{11}{3}&-\frac{19}{3}\\\frac{1}{3}&\frac{1}{3}&\frac{2}{3}&-\frac{4}{3}\\-3&-2&-2&4\\1&1&1&-2\end{pmatrix}$;

(3) $\begin{pmatrix}1&-2&4&-8\\0&1&-2&4\\0&0&1&-2\\0&0&0&1\end{pmatrix}$.

4. (1) $\begin{pmatrix}-12&-14\\5&6\end{pmatrix}$;

(2) $\begin{pmatrix}2&9&11\\-1&-13&-21\\0&-13&-11\end{pmatrix}$.

5. $k=5$.

6. $(\boldsymbol{A}+\boldsymbol{E})^{-1}=\boldsymbol{A}-4\boldsymbol{E}$.

习题 2.1

1. (1) $(27, 27, 32)^{\mathrm{T}}$;

(2) $(18, 12, 6)^{\mathrm{T}}$.

2. $(-4, -9, -3, -3)^{\mathrm{T}}$.

3. (1) $\boldsymbol{\beta}$ 不能由 $\boldsymbol{\alpha}_1, \boldsymbol{\alpha}_2, \boldsymbol{\alpha}_3$ 线性表示;

(2) $\boldsymbol{\beta}=-\boldsymbol{\alpha}_1+\boldsymbol{\alpha}_2$.

习题 2.2

1. (1) 线性相关;

(2) 线性相关;

(3) 线性无关;

(4) 线性无关.

2. (1) 向量组 $\boldsymbol{\alpha}_1, \boldsymbol{\alpha}_2, \boldsymbol{\alpha}_3, \boldsymbol{\alpha}_4$ 的秩为 2, $\boldsymbol{\alpha}_1, \boldsymbol{\alpha}_2$ 为其一个最大无关组, $\boldsymbol{\alpha}_3=-3\boldsymbol{\alpha}_1+2\boldsymbol{\alpha}_2$, $\boldsymbol{\alpha}_4=2\boldsymbol{\alpha}_1-3\boldsymbol{\alpha}_2$;

(2) 向量组 $\boldsymbol{\alpha}_1, \boldsymbol{\alpha}_2, \boldsymbol{\alpha}_3, \boldsymbol{\alpha}_4$ 的秩为 3, $\boldsymbol{\alpha}_1, \boldsymbol{\alpha}_2, \boldsymbol{\alpha}_4$ 为其一个最大无关组, $\boldsymbol{\alpha}_3=2\boldsymbol{\alpha}_1+\boldsymbol{\alpha}_2$;

(3) 向量组 $\boldsymbol{\alpha}_1, \boldsymbol{\alpha}_2, \boldsymbol{\alpha}_3$ 的秩为 3, $\boldsymbol{\alpha}_1, \boldsymbol{\alpha}_2, \boldsymbol{\alpha}_3$ 为其一个最大无关组.

习题 2.3

1. 3

2. $\lambda=-3$ 或 $\mu=0$.

3. (1) $\lambda=-2$;

(2) $\lambda\neq-1, -2$;

(3) $\lambda=-1$.

4. 当 $a=4$ 时, $\boldsymbol{\alpha}_1, \boldsymbol{\alpha}_2, \boldsymbol{\alpha}_3$ 线性相关; 当 $a\neq4$ 时, $\boldsymbol{\alpha}_1, \boldsymbol{\alpha}_2, \boldsymbol{\alpha}_3$ 线性无关.

习题 2.4

1. (1) $(x_1, x_2, x_3, x_4)^{\mathrm{T}}=c_1\begin{pmatrix}4/3\\-3\\4/3\\1\end{pmatrix}$ (c_1 为任意常数);

(2) $(x_1, x_2, x_3, x_4)^{\mathrm{T}}=c_1\begin{pmatrix}-2\\1\\0\\0\end{pmatrix}+c_2\begin{pmatrix}1\\0\\0\\1\end{pmatrix}$ (c_1, c_2 为任意常数).

2. (1) $(x_1, x_2, x_3, x_4)^{\mathrm{T}}=\begin{pmatrix}1\\1\\0\\1\end{pmatrix}+c_1\begin{pmatrix}-3\\-1\\1\\0\end{pmatrix}$ (c_1 为任意常数);

(2) $(x_1, x_2, x_3, x_4)^T = \left(\frac{32}{13}, -\frac{29}{13}, 6, \frac{68}{13}\right)^T$.

习题 2.5

V_1 是向量空间，V_2 不是向量空间.

总 习 题 2

1. (1) $R(\boldsymbol{A}) < R(\boldsymbol{A}, \boldsymbol{b})$, $R(\boldsymbol{A}) = R(\boldsymbol{A}, \boldsymbol{b}) = n$, $R(\boldsymbol{A}) = R(\boldsymbol{A}, \boldsymbol{b}) < n$;

(2) $R(\boldsymbol{A}) < n$;

(3) $R(\boldsymbol{\alpha}_1, \cdots, \boldsymbol{\alpha}_m) = R(\boldsymbol{\alpha}_1, \cdots, \boldsymbol{\alpha}_m, \boldsymbol{b})$;

(4) $R(\boldsymbol{\alpha}_1, \boldsymbol{\alpha}_2, \cdots, \boldsymbol{\alpha}_m) < m$, $R(\boldsymbol{\alpha}_1, \boldsymbol{\alpha}_2, \cdots, \boldsymbol{\alpha}_m) = m$;

(5) 1;

(6) 3;

(7) $k \neq -1, \frac{1}{2}$.

2. (1) 线性相关;

(2) 线性无关;

(3) 线性相关.

3. $\boldsymbol{\alpha}_1, \boldsymbol{\alpha}_2, \boldsymbol{\alpha}_4$ 为其一个最大无关组，$\boldsymbol{\alpha}_3 = -\boldsymbol{\alpha}_1 - \boldsymbol{\alpha}_2$.

4. $R(\boldsymbol{A}) = R(\boldsymbol{A}, \boldsymbol{b}) = 2 < 3$，方程组有无穷多个解，解为

$(x_1, x_2, x_3)^T = \begin{pmatrix} 1 \\ 0 \\ 0 \end{pmatrix} + c_1 \begin{pmatrix} 1 \\ 1 \\ 1 \end{pmatrix}$ (c_1 为任意常数). 对应齐次方程组的基础解系为 $\boldsymbol{\xi}_1 = \begin{pmatrix} 1 \\ 1 \\ 1 \end{pmatrix}$.

5. (1) $\lambda = -2$;

(2) $\lambda \neq 1, -2$;

(3) $\lambda = 1$.

习题 3.1

1. (1) 9;

(2) -58;

(3) $3abc - a^3 - b^3 - c^3$.

2. (1) 0;

(2) 7;

(3) 6;

(4) 22.

3. $-a_{11}a_{23}a_{32}a_{44}$, $a_{11}a_{23}a_{34}a_{42}$.

4. $a=b=0$.

习题 3.2

1. $2m$.

2. (1) 0;

(2) 0;

(3) 2000;

(4) 160.

3. 略.

习题 3.3

1. $M_{21}=16$, $M_{22}=-13$, $M_{23}=-14$, $A_{21}=-16$, $A_{22}=-13$, $A_{23}=14$.

2. 20.

3. (1) -70;

(2) 40.

4. (1) 190;

(2) -246.

习题 3.4

1. (1) 可逆，逆矩阵为$\begin{pmatrix}-5 & 2\\ 3 & -1\end{pmatrix}$;

(2) 可逆，逆矩阵为$\frac{1}{4}\begin{pmatrix}-3 & 3 & 1\\ -4 & 0 & 4\\ 5 & -1 & -3\end{pmatrix}$;

(3) 不可逆.

2. $B=\begin{pmatrix}5 & -2 & -2\\ 4 & -3 & -2\\ -2 & 2 & 3\end{pmatrix}$.

3. (1) $x_1=\frac{1}{5}$, $x_2=\frac{1}{5}$;

(2) $x_1=1$, $x_2=2$, $x_3=3$.

4. 秩为 3. $\begin{vmatrix}3 & 2 & -1\\ 2 & -1 & -3\\ 7 & 0 & -8\end{vmatrix}$是一个最高阶非零子式.

总习题 3

1. (1) $8m$;

(2) 2, 0.

2. (1) $x_1=1$, $x_2=3$;

(2) $x_1=1$, $x_2=2$.

3. (1) 10;

(2) -4.

4. (1) 0, 偶排列;

(2) 5, 奇排列;

(3) 4, 偶排列;

(4) $\frac{n(n-1)}{2}$, 当 $n=4k$, $4k+1$ 时为偶排列; 当 $n=4k+2$, $4k+3$ 时为奇排列.

5. $a_{11}a_{23}a_{34}a_{42}$, $-a_{14}a_{23}a_{31}a_{42}$.

6. 10, -5.

7. -1.

8. 4.

9. $M_{34}=17$; $A_{34}=-17$.

10. -72.

11. 1.

12. 0, 0.

13. (1) $\begin{pmatrix} \cos\theta & \sin\theta \\ -\sin\theta & \cos\theta \end{pmatrix}$; (2) $\begin{pmatrix} -2 & 1 & 0 \\ -\frac{13}{2} & 3 & -\frac{1}{2} \\ -16 & 7 & -1 \end{pmatrix}$.

14. (1) $X=\begin{pmatrix} 2 & -23 \\ 0 & 8 \end{pmatrix}$; (2) $X=\begin{pmatrix} -2 & 2 & 1 \\ -\frac{8}{3} & 5 & -\frac{2}{3} \end{pmatrix}$

15. $x_1=1$, $x_2=2$, $x_3=3$.

16. $\lambda=1$ 或 $\mu=0$.

17. (1) $R=2$, $\begin{vmatrix} 3 & 1 \\ 1 & -1 \end{vmatrix}=-4\neq 0$; (2) $R=3$,

$$\begin{vmatrix} 1 & 0 & 0 \\ 1 & 2 & 0 \\ 1 & 4 & 5 \end{vmatrix} = 10 \neq 0.$$

18. $a = -\frac{1}{2}$.

习题 4.1

1. $\lambda = -2$, $\boldsymbol{c} = \begin{pmatrix} -2 \\ 2 \\ -1 \end{pmatrix}$.

2. $\boldsymbol{e}_1 = \frac{1}{\sqrt{3}}\begin{pmatrix} 1 \\ 0 \\ -1 \\ 1 \end{pmatrix}$, $\boldsymbol{e}_2 = \frac{1}{\sqrt{15}}\begin{pmatrix} 1 \\ -3 \\ 2 \\ 1 \end{pmatrix}$, $\boldsymbol{e}_3 = \frac{1}{\sqrt{35}}\begin{pmatrix} -1 \\ 3 \\ 3 \\ 4 \end{pmatrix}$.

3. (1) 不是;

(2) 是.

习题 4.2

1. (1) $\boldsymbol{\lambda} = -1$ 为三重根, $\boldsymbol{p} = \begin{pmatrix} 1 \\ 1 \\ -1 \end{pmatrix}$;

(2) $\lambda_1 = -1$, $\lambda_2 = 9$, $\lambda_3 = 0$; 对应的特征向量分别为

$$\boldsymbol{p}_1 = \begin{pmatrix} 1 \\ -1 \\ 0 \end{pmatrix}, \boldsymbol{p}_2 = \begin{pmatrix} 1 \\ 1 \\ 2 \end{pmatrix}, \boldsymbol{p}_3 = \begin{pmatrix} 1 \\ 1 \\ -1 \end{pmatrix}.$$

2. 18.

3. 略

习题 4.3

1. 15.

2. $\boldsymbol{A}^{100} = \begin{pmatrix} 1 & 0 & 5^{100}-1 \\ 0 & 5^{100} & 0 \\ 0 & 0 & 5^{100} \end{pmatrix}$.

3. $\boldsymbol{P} = \frac{1}{3}\begin{pmatrix} 1 & 2 & 2 \\ 2 & 1 & -2 \\ 2 & -2 & 1 \end{pmatrix}$, $\boldsymbol{P}^{-1}\boldsymbol{AP} = \begin{pmatrix} -2 & & \\ & 1 & \\ & & 4 \end{pmatrix}$.

4. $-2\begin{pmatrix}1 & 1\\1 & 1\end{pmatrix}$.

习题 4.4

1. (1) $\begin{pmatrix}1 & 4 & 5\\4 & 4 & 0\\5 & 0 & 3\end{pmatrix}$;

(2) $\begin{pmatrix}5 & -6 & 0\\-6 & 3 & 4\\0 & 4 & 0\end{pmatrix}$.

2. (1) $\begin{pmatrix}3 & 4\\4 & 4\end{pmatrix}$;

(2) $\begin{pmatrix}1 & 2 & 3\\2 & 5 & 4\\3 & 4 & 7\end{pmatrix}$.

3. $\begin{pmatrix}x_1\\x_2\\x_3\end{pmatrix}=\begin{pmatrix}\frac{-1}{\sqrt{2}} & 0 & \frac{1}{\sqrt{2}}\\0 & 1 & 0\\\frac{1}{\sqrt{2}} & 0 & \frac{1}{\sqrt{2}}\end{pmatrix}\begin{pmatrix}y_1\\y_2\\y_3\end{pmatrix}$, 标准形 $f=y_2^2+2y_3^2$.

4. 标准形 $f=y_1^2+y_2^2+y_3^2$, 所用变换的矩阵 $C=\begin{pmatrix}1 & -1 & 2\\0 & 1 & -2\\0 & 0 & 1\end{pmatrix}$.

总 习 题 4

1. (1) -2;

(2) $-3, 0, -15$;

(3) $\lambda^{-1}|A|$;

(4) $-\frac{3}{2}$;

(5) $\begin{pmatrix}2 & 2\\2 & 1\end{pmatrix}$.

2. 特征值 $\lambda_1=5$, $\lambda_2=\lambda_3=-1$.

$\lambda_1=5$ 对应的特征向量为 $k_1\begin{pmatrix}1\\1\\1\end{pmatrix}$ $(k_1\neq 0)$;

$\lambda_2=\lambda_3=-1$ 对应的特征向量为 $k_2\begin{pmatrix}-1\\1\\0\end{pmatrix}+k_3\begin{pmatrix}-1\\0\\1\end{pmatrix}$（$k_2$，$k_3$ 不全为0）.

3. $x=4$.

$\lambda_1=\lambda_2=3$，对应的特征向量 $k_1\begin{pmatrix}-1\\1\\0\end{pmatrix}+k_2\begin{pmatrix}\frac{1}{4}\\0\\1\end{pmatrix}$；

$\lambda_3=12$ 对应的特征向量 $k_3\begin{pmatrix}-1\\-1\\1\end{pmatrix}$.

4. $\begin{pmatrix}-2&3&-3\\-4&5&-3\\-4&4&-2\end{pmatrix}$.

5. $\begin{pmatrix}x_1\\x_2\\x_3\end{pmatrix}=\begin{pmatrix}1&0&0\\0&\frac{1}{\sqrt{2}}&\frac{1}{\sqrt{2}}\\0&\frac{1}{\sqrt{2}}&-\frac{1}{\sqrt{2}}\end{pmatrix}\begin{pmatrix}y_1\\y_2\\y_3\end{pmatrix}$，标准形 $f=2y_1^2+5y_2^2+y_3^2$.

6.（1）标准形 $f=y_1^2+y_2^2-y_3^2$，所用变换矩阵 $\boldsymbol{C}=\begin{pmatrix}1&-1&1\\0&0&1\\0&1&-1\end{pmatrix}$.

（2）标准形 $f=y_1^2+y_2^2-2y_3^2$，所用变换矩阵 $\boldsymbol{C}=\begin{pmatrix}1&-1&2\\0&1&-1\\0&0&1\end{pmatrix}$.

7. $\lambda_1=0$，$\lambda_2=1$.

8. 39.

参 考 文 献

[1] 同济大学数学系. 工程数学：线性代数 [M]. 5版. 北京：高等教育出版社，2007.

[2] 同济大学数学系. 线性代数及其应用 [M]. 北京：高等教育出版社，2004.

[3] 赵云和. 线性代数 [M]. 北京：科学出版社，2011.

[4] 刘贵基，姜庆华. 线性代数 [M]. 北京：经济科学出版社，2008.

[5] 吴赣昌. 线性代数（经济类）[M]. 北京：中国人民大学出版社，2006.

[6] 王建军. 线性代数及其应用 [M]. 上海：上海交通大学出版社，2005.

[7] 骆承钦. 线性代数 [M]. 2版. 北京：高等教育出版社，2002.

[8] 李永乐. 线性代数辅导讲义 [M]. 北京：新华出版社，2007.